异构筑基，智算赋能

异构智算

高效算力筑基数字社会

郭 亮 李 洁 彭 竞 赵继壮 吴美希◎编著

人民邮电出版社

北 京

图书在版编目（CIP）数据

异构智算：高效算力筑基数字社会 / 郭亮等编著
. -- 北京：人民邮电出版社，2022.7（2023.8重印）
ISBN 978-7-115-59225-5

Ⅰ. ①异… Ⅱ. ①郭… Ⅲ. ①人工智能－计算 Ⅳ.
①TP183

中国版本图书馆CIP数据核字(2022)第089913号

内 容 提 要

  本书从产业角度深刻分析了异构计算及智能计算中心建设的诸多关键技术和应用前景，介绍了异构融合智能计算的核心技术—智能计算中心异构算力芯片、异构算力适配、异构操作平台，以及产业界中智能计算中心异构算力的解决方案、智能计算中心的高质量发展与未来展望。本书内容丰富、分析全面，是实现智能计算中心发展相关布局的重要技术参考，对推动我国智能计算中心建设和智能计算领域的发展有很高的参考价值和实际意义，适合从事城市数字化建设、智能化建设、智能计算中心建设的相关技术人员，以及科研机构技术人员、高校师生阅读。

◆ 编　　著　郭　亮　李　洁　彭　竞　赵继壮　吴美希
  责任编辑　李成蹊
  责任印制　马振武
◆ 人民邮电出版社出版发行　　北京市丰台区成寿寺路 11 号
  邮编　100164　电子邮件　315@ptpress.com.cn
  网址　https://www.ptpress.com.cn
  涿州市般润文化传播有限公司印刷
◆ 开本：700×1000　1/16
  印张：15.25　　　　　　　　　2022 年 7 月第 1 版
  字数：243 千字　　　　　　　2023 年 8 月河北第 2 次印刷

定价：119.90 元

读者服务热线：(010)81055493　印装质量热线：(010)81055316
反盗版热线：(010)81055315
广告经营许可证：京东市监广登字 20170147 号

编写专家组

中国信息通信研究院云计算与大数据研究所项目经理	赵精华
中国电信股份有限公司北京分公司科技创新部总经理助理	沈　鸿
中国电信股份有限公司北京分公司政企行业专家	高　飞
中国电信研究院 AI 研发中心 AI 平台研发组负责人	程　帅
中国信息通信研究院云计算与大数据研究所数据中心部副主任	王少鹏

（以下按姓氏首字母排序）

北京趋动科技有限公司联合创始人兼首席技术官	陈　飞
上海燧原科技有限公司高级主管架构师	邓子龙
厦门算能科技有限公司产品部总裁	高　鹏
北京一流科技有限公司商务合伙人	李　科
腾讯云 AI 解决方案总架构师、优图首席方案架构师	李牧青
百度智能云智慧城市事业部总经理	刘　捷
百度智能云智慧城市事业部区域解决方案总经理	梅　岭
百度智能云智慧城市事业部总架构师	孙　珂
华为技术有限公司中央研究院数据中心标准产业总监	孙黎阳
北京一流科技有限公司战略合作部总经理	王向春
北京趋动科技有限公司副总裁	徐景松
上海燧原科技有限公司软件首席科学家	姚建国
上海燧原科技有限公司产学研项目负责人	张明洁
北京趋动科技有限公司技术总监	张增金
华为技术有限公司智慧城市首席专家	周　谊

在当前数字经济时代，世界各国都将智能计算列为重点建设领域。算力作为重要的生产力之一，已成为各国抢占科技竞赛高地、构建智能发展生态的战略性资源。对我国而言，国家陆续出台了一系列政策文件，例如，《中华人民共和国国民经济和社会发展第十四个五年规划和 2035 年远景目标纲要》《全国一体化大数据中心协同创新体系算力枢纽实施方案》《新型数据中心发展三年行动计划（2021—2023 年）》等，均在不断推动和完善我国智能计算领域的顶层设计。然而，XPU、ASIC、FPGA 等异构人工智能（Artificial Intelligence，AI）算力芯片的出现，使算力基础设施面临异构化挑战。如何搭建智能异构算力平台，突破异构算力适配、异构算力网络调度等关键技术，支撑业界多样化异构算力应用，迫在眉睫。

从该书内容看，作者重点从产业角度深刻分析了智能计算中心异构计算的诸多关键技术和应用前景。该书不仅讲解了异构融合智能计算的核心技术——智能计算中心异构算力芯片、异构算力适配、异构操作平台，而且还介绍了产业界中智能计算中心异构算力的解决方案与智能计算中心的高质量发展方向。

总体来说，这本书是国内少有的重点聚焦异构融合智能计算的著作。该书内容翔实，分析全面，对推动我国新型数据中心建设和智能计算领域的发展具有很高的参考价值和实际意义。

张宏科

中国工程院院士

　　随着数字化的高速推进，人工智能、边缘计算、元宇宙等场景推动数据量的爆炸式增长。面对随时随地产生、真伪混杂、虚实融合的多源异质数据，如何实现高效可靠地处理和运用多元化数据，如何应对海量分散的数据处理场景，如何适配复杂多源的数据形态和计算任务，如何响应元宇宙对算力规模近乎无穷的需求等多重挑战接踵而至，算力危机更成为数据产业亟待解决的"大"问题。

　　建设元宇宙和 Web3.0 的"乌托邦"需要强大的异构算力的支持，而"桃花源"就是智能计算中心。智能计算中心可推动异构算力的基础设施化，提供异构处理后的海量算力。本书作为聚焦智能计算中心异构计算的图书，完成从现在到未来、从技术到应用、从理想到实践的全景式介绍，期望能够抛砖引玉，为业界研究提供新思路。

何宝宏

中国信息通信研究院

云计算与大数据研究所所长

　　国家发展和改革委员会、中央网信办、工业和信息化部和国家能源局 4 个部门联合发布了《全国一体化大数据中心协同创新体系算力枢纽实施方案》，明确提出构建国家算力网络体系，促进数据、算力、算法生态的协同发展，满足企业数字化转型需求。

　　本书是实现相关国家发展布局的重要技术参考，书中内容涵盖了智能计算中心基础设施、智能计算中心操作系统，尤其在如何实现云网融合的智能计算中心方面给出了技术参考，对于如何实现异构算力资源池化、调度编排和管理等方面提出具体可行的解决方案。本书将在中国电信智能计算中心建设中发挥重要的指导作用。

许洪

中国电信股份有限公司北京分公司副总经理

随着深度学习技术和 AI 大模型的不断发展，人工智能产业呈现出标准化、自动化和模块化的工业大生产特征。同时，城市的数字化转型对新型算力、多模态算法具有强烈的使用需求。智能计算中心作为新型算力底座，为人工智能应用提供了充足的 AI 算力。百度城市 AI 计算中心是满足城市数字化转型升级的智能计算中心，基于云智一体的"百度智能云 2.0"架构，利用百度飞桨深度学习平台、百度昆仑 AI 芯片及全栈人工智能技术优势，打造城市级人工智能中枢，服务城市高效治理，引领 AI 产业快速发展。

本书从 AI 芯片、异构算力适配、异构算力管理等方面对智能计算所涉及的技术体系、应用场景、解决方案、未来发展等进行介绍，希望能够为致力于城市数字化、智能化建设，以及智能计算中心建设的读者提供一些借鉴和参考。

刘捷

百度智能云智慧城市事业部总经理

人工智能已经成为数字经济高质量发展的重要动力，人工智能计算中心是涵盖基建基础设施、硬件基础设施、软件基础设施的复杂系统工程，是国务院《新一代人工智能发展规划》的落地实体，具备算力服务、技术创新、产业带动、人才和生态汇聚等重大价值。经过近年的快速发展，人工智能计算中心建设已经被纳入我国多个城市的重点布局和规划，华为公司作为我国自主创新的人工智能全栈解决方案提供商，深度参与了多个人工智能计算中心的规划和建设。本书具有很好的参考价值，读者可全面了解中国人工智能计算中心的规划和发展。

张迪煊

华为昇腾计算业务副总裁

人类社会发展至今，技术始终是第一驱动力。随着互联网和人工智能技术的发展，中国的产业经济结构不断变化，产业智能化建设已是大势所趋。本书中介绍了在消费互联网和产业互联网创新融合的背景下，腾讯云 Ti 平台结合智能计算中心，为各产业提供服务；打造行业解决方案，助力产业升级；腾讯云 Ti 平台支撑智能计算中心的日常运行，以技术共享、生态赋能等方式，促进产业"智"变升级，推动 AI 技术在产业中的应用落地。

李牧青

腾讯云 AI 解决方案总架构师、优图首席方案架构师

随着国务院印发《新一代人工智能发展规划》，人工智能备受关注。而人工智能技术的发展要依靠全新的智能算力的赋能，一场智算革命强势来袭。这场革命中，软件定义的"算力池化"是智能计算中心建设的重中之重，一方面可以加快人工智能赋能产业数字化进程，另一方面也可以在异构架构下有效提升智能计算中心的算力算效水平，加快自主研发算力商业化落地进程，实现智能计算中心绿色低碳发展。在智算革命的背景下，趋动科技很荣幸有机会和诸多优秀厂商共同参与由中国信息通信研究院牵头的书稿编写工作，期待共同开创算力池化的智算新时代！

王鲲

北京趋动科技有限公司创始人兼首席执行官

第四次工业革命是智能化的革命，也是计算范式的革命。随着数据中心、自动驾驶、移动设备等在"云、边、端"的部署，5G 和物联网等先进技术构建起万物互联的基础设施，各种应用场景正在"云、边、端"的宏大蓝图中不断发展。异构计算正在成为改变应用加速方式、催化计算范式转变的核心力量。不同的应用类型正在呈现不同的计算和通信模式，而由不同应用加速组件连接构成的异构系统，正在变成综合性应用场景最理想的计算架构。CPU、GPU、NPU、DPU、VPU 等 XPU 正在按照全新的场景需求进行单独演进，又按照异构系统的基本标准进行合纵连横，从而满足智能时代的广泛需求。让我们进行更加开放的架构和

生态创新，一起拥抱这波澜壮阔的智能异构计算时代的到来。

张亚林

上海燧原科技有限公司首席运营官

厚积薄发，人工智能大规模应用的时间拐点已经来临。

当今时代，数据总量呈爆炸式增长，人工智能成为从数据中提取出信息、总结成知识、提炼为智慧、再指导实践的核心技术。

智能计算中心是聚合算力服务、数据服务、算法服务的公共算力新型基础设施平台，高效支持人工智能和大数据技术的各种应用，有力促进政府治理智慧化和各产业实现降本增效、创新转型及智慧运转，必将成为推动经济和社会发展的核心引擎。

智算时代，奔涌而至。

高鹏

厦门算能科技有限公司产品部总裁

2010 年 10 月,《国务院关于加快培育和发展战略性新兴产业的决定》(国发〔2010〕32 号)指出"战略性新兴产业是引导未来经济社会发展的重要力量,发展战略性新兴产业已成为世界主要国家抢占新一轮经济和科技发展制高点的重大战略"。该决定明确提出"促进物联网、云计算的研发和示范应用",数据中心作为战略性新兴产业的重要基础设施,迎来大规模发展。

2016 年 3 月,"人工智能"被写入《中华人民共和国国民经济和社会发展第十三个五年规划纲要》(以下简称"十三五"规划)。此后,国家多个部门陆续出台多个人工智能的产业规划,全面贯彻落实"十三五"规划要求。

2020 年 3 月 4 日,中共中央政治局常务委员会召开会议,明确提出"加快 5G 网络、数据中心等新型基础设施建设进度",国家发展和改革委员会将数据中心列入新型基础设施建设范畴。在边缘和云数据中心的协同、计算和存储的融合、数据中心和网络的协同成为行业主旋律后,国家发展和改革委员会、工业和信息化部先后发布相关政策文件,多次提到要推动智能计算中心(数据中心转型升级)的发展。

智能计算中心产业是多主体参与、高密度链接的复杂系统,支撑未来人工智能的部署发展。智能计算中心的核心是芯片。目前,国内已经助力成长起华为、寒武纪、百度、燧原科技、算能科技等具有自主研发能力的 AI 芯片企业。基于这些 AI 芯片的产品,部分企业建立起自主驾驶开放创新平台、"城市大脑"开放创新平台、医学影像开放创新平台等技术应用平台。智能计算中心的重点是基于各类芯片提供算力服务。因此,各种芯片的异构兼容是智能计算中心发展壮大必须面对的问题。本书从异构适配的角度出发，分析了异构算力适配、异构算力调度网络、智能计算中心操作系统、异构算力典型解决方案等内容。本书编写团队后续还将就异构适配的标准化和方案的实施落地做更多的工作，欢迎有兴趣的专家或者企业加入我们。

本书内容覆盖多个专业，且编写时间仓促，错误在所难免。中国信息通信研究院云计算与大数据研究所数据中心研究团队的联系方式为 dceco@caict.ac.cn。欢迎各位专家与读者批评指正。

目录

第一章
智能计算发展概述

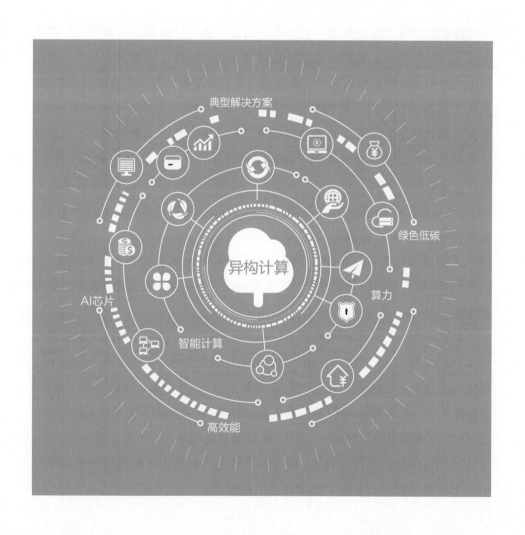

1.1　全球智能计算发展概述

1.1.1　智能计算成为国家战略

随着新一轮科技革命和产业革命的快速发展，以及数字化转型和网络协同的要求持续提高，智能计算成为抢占科技竞赛高地、刺激产业复苏、构建智能发展生态的新兴技术之一。世界各国纷纷将智能计算列为重点发展领域，从国家层面引导智能计算的生态建设，促进产业集聚发展。全球已有 60 多个国家和地区出台了人工智能相关政策，发布国家级人工智能战略，以持续巩固和推动人工智能产业布局，深化智能计算技术的研发创新和迭代升级。美国充分发挥经济实力和基础科技创新的优势，发布多项人工智能政策。自 2019 年以来，美国政府先后发布了《国家人工智能研究和发展战略计划》新版、《美国人工智能倡议》《生成人工智能网络安全（GAINS）法案》《美国人工智能倡议首年年度报告》《美国人工智能国家安全委员会最终报告》《2020 年国家人工智能计划法案》等多项政策，不断强化对人工智能产业的支持力度。

为适应人工智能技术发展带来的机遇和挑战，欧盟发布多项人工智能相关文件和发展规划，维护欧盟的技术和工业领先地位，保持竞争力，2016 年提出人工智能立法动议，2018 年连续发布《关于人工智能、机器人及"自主"系统的声明》《人工智能时代：确立以人为本的欧洲战略》《欧洲人工智能战略》《人工智能道德准则》等。2020 年 2 月，欧盟委员会重磅发布《人工智能白皮书：通往卓越与信任的欧洲之路》，该白皮书旨在打造以人为本的可信赖和安全的人工智能，确保欧洲成为数字化转型的领导者。

英国、德国、日本等主要国家正在加速构建人工智能发展框架,强调智能计算的重要性,指导未来智能计算研究创新,使之成为经济社会建设的重要支柱。

自 2016 年以来,英国先后发布了《人工智能:未来决策制定的机遇与影响》《在英国发展人工智能》《英国人工智能发展的计划、能力与志向》等政策文件。2021 年 9 月,英国颁布《国家人工智能战略》,提出将通过国家 AI 研究和创新项目、人工智能办公室和英国研究与创新基金会联合项目、试运行人工智能标准中心等,为英国未来 10 年人工智能的发展奠定基础。

德国先后发布了《高科技战略 2025》《研究与创新和技术能力年度评估报告》《联邦政府人工智能战略要点》等一系列人工智能发展计划和研究报告。《德国联邦政府人工智能战略报告》明确了德国联邦政府发展人工智能的三大核心目标、五大战略主题及 12 个行动领域,拉开了德国人工智能国家级战略的序幕。

日本政府和企业界高度重视人工智能的发展,不仅将物联网、人工智能和机器人作为第四次产业革命的核心,还在国家层面建立了相对完整的研发促进机制,并将 2017 年确定为人工智能元年。日本政府在 2019 年发布了《人工智能战略 2019》,并对人工智能技术的发展与应用做了总体布局。2021 年 3 月,日本公平贸易委员会发布了日本首份《算法 / 人工智能与竞争政策报告》,总结了容易引起竞争的智能计算算法和人工智能应用场景。

1.1.2 发达国家增加人工智能投资

美国加大在人工智能领域的财政投资预算,增加对具有长远价值及战略眼光的基础研究项目的资助力度,维持人工智能创新优势。2020 年 8 月,美国国会研究服务部发布《新兴军事技术:背景与呈国会问题》,提出美国国防部在人工智能领域公开投资超过 600 个人工智能项目,投资规模从 2016 年的 6 亿美元增长到 2020 年的 9.27 亿美元。美国人工智能国家安全委员会(National Security Commission on Artificial Intelligence,NSCAI)的报告提出,到 2026 年,每年为人工智能研发提供高达 320 亿美元的非防卫资金,建立国家技术基金会,人工智能研究所的数量也将增加 3 倍。美国政府也高度重视人工智能的前瞻性研究。2018 年,美国能源部计划投资 18 亿美元进行 3 个 E 级超算的建设,每个超算系统都包含了对人工智能计算能力及软件应用等的支持，预计在2021—2023年分别部署在美国的3个国家实验室。美国国家科学基金会（National Science Foundation，NSF）在AI方面的基础研究经费增加到18亿美元，聚焦商业部门投资不足的技术领域，强化智能计算跨学科、跨行业前瞻性研究，确保美国持续推动全球AI研究与开发。

欧盟各成员国重视对人工智能产业的资金扶持。2017—2020年，欧盟用于人工智能研究和创新的资金增至15亿欧元，同比增长70%。2020年，欧盟还提出了一项重大的专项拨款，用于支持在"数字欧洲"计划下的人工智能研究项目。欧盟希望自2020年的未来10年每年能够吸引超过200亿欧元的投资用于人工智能领域。德国已资助了一批高校建设人工智能计算中心和能力中心。德国柏林工业大学在2020年1月宣布成立新的人工智能研究所，开展大数据、机器学习和交叉领域的尖端科研，从技术、工具和系统方面强化人工智能在科学、经济和社会中的作用，培养全球急需的人工智能专业人才。法国政府曾计划在2022年年底前投入15亿欧元用于人工智能产业发展，仅2019年法国新注册的人工智能企业就达100余家。

韩国、日本等亚洲国家加大人工智能在基础和应用研究方面的投资力度，通过产业园区、研究机构、开放平台等途径，增强人工智能产业竞争力。韩国政府力争到2024年建成光州人工智能园区，到2029年，在新一代存算一体人工智能芯片研发方面投入约1万亿韩元。2019年12月，日本东京大学和软银公司签署协议，宣布将共同打造世界顶尖的人工智能研究所，致力于开展人工智能的基础研究和应用研究，软银公司将在10年间共投资200亿日元用于相关研究，促进日本人工智能研究及相关产业的发展。

1.1.3 龙头企业构建智算服务

国内外龙头企业持续加大对人工智能研究的投入，以应用驱动产业发展为目标，建设人工智能计算中心，为企业智能化升级提供充沛的智能算力支撑，赋能企业，促进生产规模的扩大和生产效率的提升。《2021—2022中国人工智能计算力发展评估报告》预测，2021—2025年，全球企业人工智能软硬件和相关服务总投资将从850亿美元增长到2045亿美元，年复合增长率约为24.5%，提供智能计算服务的企业呈现出明显的高增长特性。德勤 2019 年的数据显示，全球人工智能企业增长率排名前 50 的榜单中，美国企业数量所占比重约为 60%，中国企业紧随其后，所占比重接近三分之一。Shape Security 作为增长最快的企业，增长率高达 23000%。

谷歌、微软等互联网龙头企业率先构建智能计算服务能力。谷歌最早投入人工智能研究，人工智能团队拥有超过 1300 名研究员，拥有最大的数据库资源，数据量达到 10EB ～ 15EB。谷歌于 2016 年发布自研 TPU[1] AI 芯片，目前可提供云、框架、芯片的全栈人工智能解决方案，TPU 芯片围绕自用业务场景构建最佳性能，并逐步溢出提供 AI 云服务。在学术方面，2019 年谷歌在全球知名的 NeurIPS 大会上，以 170 篇论文遥遥领先。在商业应用方面，谷歌不仅在搜索、翻译等一系列服务中融入了人工智能技术，也在其云平台上开放了 Cloud TPU 和 Cloud TPU Pod 服务，旨在满足需要大规模计算能力的大型人工智能项目。

微软持续战略性地在人工智能方面投入，成立 Cloud AI 部门，收购大量数据和人工智能初创公司。在 2018 年 5 月 Build 大会期间，微软宣布开发者可以接入 Azure 云，试用由微软基于英特尔现场可编程门阵列（Field Programmable Gate Array，FPGA）芯片打造的低时延深度学习计算平台 Project Brainwave 提供的人工智能服务。2019 年 7 月，微软宣布向人工智能研究实验室 OpenAI 投资 10 亿美元，以共同构建一个新的 Azure AI 计算平台，主要用于训练和运行更加先进的人工智能模型。

国内华为云 EI、阿里巴巴的人工智能云服务也已对外提供服务。华为在 2018 年华为全连接大会上首次公布"人工智能战略"。华为发布了面向训练的昇腾 910 和面向推理的昇腾 310 两种人工智能芯片。为了大幅降低行业使用人工智能的门槛，华为还发布了 ModelArts 人工智能使能平台，从最底层的芯片开始，支持行业全场景人工智能需求，并通过华为云 EI，为广大用户提供一站式人工智能平台服务。华为基于云化方案在公司内部超过 10 万台鲲鹏与昇腾设备上部署了 ModelArts 等，有力支撑其内部四大人工智能实验室的研发创新工作，打造了智能制造、自动驾驶、智慧交通、智能气象、智慧城市、智能医疗、智

1　TPU（Tensor Processor Unit，张量处理器）。

能政务、网络运维、流程办公等解决方案，覆盖从研发、生产、办公、交付到销售的全业务场景。为满足业务需求，阿里巴巴不断深化人工智能基础设施建设，重金投入研发"含光800"人工智能专用芯片和超大规模机器学习平台，并建成单日数据处理量突破600PB的超大计算平台。

1.1.4　智能计算中心建设态势分析

1. 美国智能计算优势明显

美国智能计算中心的建设水平位居世界前列，根据建设主体的不同，水平较高的三大超算中心为美国能源部智能计算中心、美国国家科学基金会超算中心、美国航空航天局超算中心等。

美国能源部下属六大国家实验室中，美国橡树岭国家实验室的Summit超级计算机的峰值计算性能达到每秒20亿亿次。美国能源部、IBM公司、英伟达联合成立的超级计算机卓越实验中心的高性能计算机计算性能在10亿亿次到30亿亿次之间。美国国家科学基金会着力推动平台服务与智算技术开源，联合三大超算中心及9所高校，投入2000万美元以构建新一代人工智能网络基础设施，资助美国国家超级计算应用中心开发部署Delta超算系统，采用异构架构，为每个计算节点提供至少100Gbit/s的带宽。美国国家航空航天局下属的艾姆斯研究中心为军事、航天、气候等领域的技术研究和应用拓展提供支撑。Summit超级计算机的特点如图1-1所示。新型Summit超级计算机如图1-2所示。

为进一步提高计算速度，获取市场竞争优势，美国政府和美国龙头科技企业加快建设量子计算中心。美国政府加大量子计算投资预算，2020年7月，白宫科学技术政策办公室和美国国家科学基金会宣布在美国全国范围内建立3个量子计算中心，分别位于加州大学伯克利分校、伊利诺伊州立大学和科罗拉多州立大学，每个量子计算中心都可获得2500万美元的投资。加州大学伯克利分校建立的量子计算中心主要用于研究技术现状和未来量子计算发展趋势；伊利诺伊州立大学建立的量子计算中心主要研究混合量子体系结构和网络；科罗拉多州立大学的量子计算中心主要从事量子传感器的研究，提高各领域测量精度。美国2021财年预算显示，量子信息科学研究的预算增加了50%。美国《国家量子计划法案》示例如图1-3所示。

图 1-1　Summit 超级计算机的特点

资料来源：美国橡树岭国家实验室

图 1-2　新型 Summit 超级计算机

Public Law 115–368
115th Congress

An Act

Dec. 21, 2018
[H.R. 6227]

To provide for a coordinated Federal program to accelerate quantum research and development for the economic and national security of the United States.

National Quantum Initiative Act. 15 USC 8801 note.

Be it enacted by the Senate and House of Representatives of the United States of America in Congress assembled,

SECTION 1. SHORT TITLE; TABLE OF CONTENTS.

(a) SHORT TITLE.—This Act may be cited as the "National Quantum Initiative Act".
(b) TABLE OF CONTENTS.—The table of contents of this Act is as follows:

Sec. 1. Short title; table of contents.
Sec. 2. Definitions.
Sec. 3. Purposes.

TITLE I—NATIONAL QUANTUM INITIATIVE

Sec. 101. National Quantum Initiative Program.
Sec. 102. National Quantum Coordination Office.
Sec. 103. Subcommittee on Quantum Information Science.
Sec. 104. National Quantum Initiative Advisory Committee.
Sec. 105. Sunset.

TITLE II—NATIONAL INSTITUTE OF STANDARDS AND TECHNOLOGY QUANTUM ACTIVITIES

Sec. 201. National Institute of Standards and Technology activities and quantum consortium.

TITLE III—NATIONAL SCIENCE FOUNDATION QUANTUM ACTIVITIES

Sec. 301. Quantum information science research and education program.
Sec. 302. Multidisciplinary Centers for Quantum Research and Education.

TITLE IV—DEPARTMENT OF ENERGY QUANTUM ACTIVITIES

Sec. 401. Quantum Information Science Research program.
Sec. 402. National Quantum Information Science Research Centers.

15 USC 8801.

SEC. 2. DEFINITIONS.

In this Act:
(1) ADVISORY COMMITTEE.—The term "Advisory Committee" means the National Quantum Initiative Advisory Committee established under section 104(a).
(2) APPROPRIATE COMMITTEES OF CONGRESS.—The term "appropriate committees of Congress" means—
(A) the Committee on Commerce, Science, and Transportation of the Senate;
(B) the Committee on Energy and Natural Resources of the Senate; and
(C) the Committee on Science, Space, and Technology of the House of Representatives.

图 1-3　美国《国家量子计划法案》示例

美国龙头科技企业进军量子计算领域，增强前沿量子技术研究能力。CB Insights 数据显示，谷歌、微软、亚马逊、IBM 正在研制量子计算硬件，并在云平台上部署量子计算服务，量子计算企业融资从 2016 年的 0.67 亿美元，增长至 2021 年的 9.21 亿美元。谷歌在加州圣塔芭芭拉市建立量子计算中心，开发了用于构建量子机器学习模型的开放的源代码平台 TensorFlow Quantum，其研制的量子计算机是世界上最强大的量子计算机之一。微软向公众开放 Azure Quantum 平台，提供对量子计算中心和软件开发工具的云访问，投资研发不同层的量子计算堆栈，包括用于量子比特控制的系统，开发多种后量子密码（Post Quantum Cryptography，PQC）。为加速量子计算技术和应用的发展，亚马逊云科技量子计算中心于 2019 年成立，2021 年，亚马逊云科技在美国加州理工学院建设了新的量子计算中心，致力于构建更大规模、更精准的"容错"量子计算系统。加州理工学院的亚马逊量子计算中心如图 1-4 所示。

IBM 公司和北卡罗来纳州立大学合作，建设量子计算中心，该中心是扩展商用和研究活动的量子计算系统，2021 年 5 月推出了用于量子计算的开源框架 Qiskit Runtime，托管在 IBM 公司的混合云中。北卡罗来纳州立大学 IBM 量子计算中心介绍如图 1-5 所示。

图 1-4　加州理工学院的亚马逊量子计算中心

资料来源：亚马逊云科技

图 1-5　北卡罗来纳州立大学 IBM 量子计算中心介绍

资料来源：北卡罗来纳州立大学网站

2. 欧盟高性能计算布局加快

欧盟各成员国重视超级计算基础设施建设，致力于打造竞争力强、创新性高的高性能计算生态环境。2018 年，欧洲高性能计算机联盟成立，致力于开发、部署、扩展和维护世界一流的超级计算和数据基础设施，2019—2020 年，欧洲高性能计算机联盟公共投资高达约 11 亿欧元。2018 年，欧洲推出"欧洲处理器计划（European Processor Initiative，EPI）"，旨在采用免费和开源的 RISC-V[1] 架构，开发和生产高性能芯片，增强欧盟在高性能计算（High Performance Computing，HPC）领域的独立性。2019 年 6 月，欧盟发布"欧洲高性能计算共同计划"，宣布将从成员国中选定 8 处地点建设世界级超算中心，项目预算高达 8.4 亿欧元，

1　RISC-V 是一个基于精简指令集计算原则的开源指令集架构。其中，RSIC 全称为 Reduced Instruction Set Computer，即精简指令集计算机。

八大超算中心将分别设在保加利亚的索菲亚、捷克的俄斯特拉发、芬兰的卡亚尼、意大利的博洛尼亚、卢森堡的比森、葡萄牙的米尼奥、斯洛文尼亚的马里博尔和西班牙的巴塞罗那。欧洲处理器计划路线如图1-6所示。

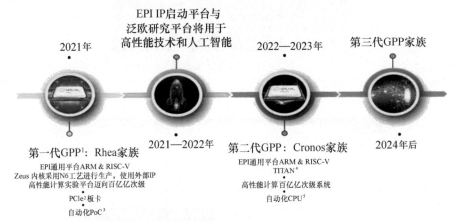

注：1. GPP（General Purpose Processors，通用处理器）。
2. PCIe全称为Peripheral Component Interconnect express，是一种高速串行计算机扩展总线标准。
3. PoC（Proof of Concept，概念验证）。
4. TITAN是一个分布式NoSQL数据库。
5. CPU（Central Processing Unit，中央处理器）。

图1-6 欧洲处理器计划路线

资料来源：欧洲处理器计划

2020年9月，欧盟委员会提议2021—2033年投资80亿欧元以支持下一代超级计算尖端技术、系统和产品的研究和创新活动，保持和推进欧洲在超级计算和量子计算领域的领先地位。该投资可用于开发和部署量子计算和量子模拟基础设施，联合欧洲超级计算和量子计算资源，为下一代超算中心提供优化的新算法、代码和工具等。2020年12月，欧盟拟为"数字欧洲"计划拨付75亿欧元，其中22亿欧元用于超级计算，21亿欧元用于人工智能，支持泛欧量子通信基础架构部署。

在发展高性能计算的同时，欧盟注重超级计算机绿色低碳的建设和能源效率的提升。2019年12月，欧盟委员会公布了《欧洲绿色协议》，旨在到2050年，将欧洲建成全球首个"碳中和"的大洲，作为《欧洲绿色协议》的一部分，"欧洲高性能计算共同计划"必须考虑能源效率问题，其要求关注相关设备能耗问题，例如，芬兰建立的LUMI[1]采用了水力发电。《欧洲绿色协议》框架如图1-7所示。

1　LUMI 全称为 Large Unified Modern Infrastructure，是一种超级计算机。

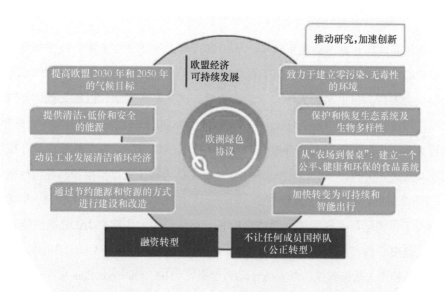

图 1-7 《欧洲绿色协议》框架

资料来源：《欧盟绿色协议》

  EPI 严格限制能耗水平，力争在 3 年内设计和开发出用于高性能计算的低功耗芯片。博洛尼亚大学和苏黎世联邦理工学院设计出一种基于 RISC-V 的开源电源控制器，可以用于 EPI 的第一代通用处理器 Rhea，以减少下一代 IT 系统的碳足迹，实现更高的计算能力，Rhea 的芯片设计厂商 SiPearl 承诺，将使超级计算机的能源消耗减少一半。5 代 RISC 处理器如图 1-8 所示。2020 年 3 月，由欧盟资助的 GREENDC 项目汇集了英国、保加利亚和土耳其的 5 个学术、工业联合体，着力研制新的技术方案以降低数据中心碳排放水平。

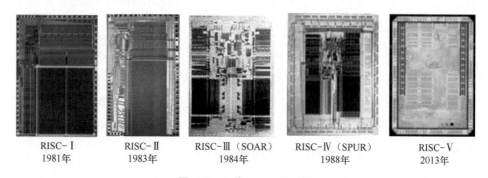

RISC- I RISC- II RISC-III（SOAR） RISC-IV（SPUR） RISC-V
1981年   1983年   1984年   1988年   2013年

图 1-8 5 代 RISC 处理器

资料来源：《自然》杂志

3. 英国超算能力持续突破

英国高性能计算中心起步较早。早在 2017 年，英国就在 6 所高校建立高性能计算中心并正式投入运营，英国工程与物理科学研究理事会为此提供了 2000 万英镑的资金支持。布里斯托大学与卡迪夫大学、埃克塞特大学、巴斯大学、英国气象局共同建立的 GW4 Tier-2 HPC 中心，使用了 10000 个高性能 ARM[1] 核心处理器；剑桥大学、牛津大学、南安普顿大学、莱斯特大学和国家学院布里斯托尔分校等高校共同建立了 Peta-5 中心，Peta-5 中心能够提供大规模数据模拟和高性能数据分析；Tier-2 级的材料和分子建模中心（Thomas）由伦敦大学学院领衔设立；牛津大学与爱丁堡大学、南安普顿大学等学校和英伟达公司合作建立 JADE 高性能计算中心，该中心拥有英国最大的图形处理器（Graphics Processing Unit，GPU），聚焦机器学习和相关数据科学领域及分子动力学研究；HPC Midlands Plus 总部设在拉夫堡大学的科学和企业园区，用于复杂模拟和大规模数据处理；爱丁堡并行计算中心（Edinburgh Parallel Computing Centre，EPCC）由爱丁堡大学、布里斯托大学、利兹大学等学校合作设立，其将 HPC 系统盘扩展卷扩大了 5 倍，通过增加数据存储设备，不同超级计算机之间能够存储和共享数据。GW4 Tier-2 HPC 中心的 Isambard 系统规格如图 1-9 所示。

英国依托高性能计算中心，推动超级计算和量子计算领域的技术突破和平台建设。2020 年，创新英国挑战基金"DISCOVERY"领导英国最大产业主导的商业量子计算项目，旨在消除量子计算在商业化过程中的技术障碍。2021 年 3 月，Telecompaper 信息显示，英国科学技术设施委员会哈特里中心联合 EPCC，在英国建立国家计算能力中心（EuroCC@UK）。作为先进计算经验和技术理论知识的共享平台，EuroCC@UK 支持人工智能技术研究和创新升级，重点关注高性能计算、高性能数据分析和人工智能领域的技术创新、理念创新和项目拓展。2021 年 9 月，英国国家量子计算中心（National Quantum Computing Centre，NQCC）举行奠基仪式。NQCC 致力于解决新兴技术在发展过程中面临的问题，推动量子计算研究进程，加速开发可扩展的实用量子计算机，英国研究与创新局将在 5 年内，为其提供 9300 万英镑的资金支持。EPCC 网站如图 1-10 所示。

---

1 ARM（Advanced RISC Machine，RISC 微处理器）。

 January 17th 2017

Great Western 4(GW4)联盟
宣布提供 GW4 Tier 2 HPC 服务，其中"Isambard"系统以英国杰出的工程师 Isambard Kingdom Brunel 的名字命名

系统规格：

- Cray CS-400 系统
- 使用 10000 个以上的高性能 ARM 核心处理器
- HPC 优化软件栈

技术比较：

- x86 架构、KNL 高性能计算系统、Pascal 结构化编程语言
- 2017 年 3～12 月安装
- 3 年的项目总成本为 470 万英镑

图 1-9 GW4 Tier-2 HPC 中心的 Isambard 系统规格

图 1-10 EPCC 网站

1.2 我国智能计算发展概述

1.2.1 顶层设计逐步完善

从国家到地方，我国人工智能政策体系逐步完善，产业扶持力度不断增强，基础研究、技术创新等部分能力与国际发展水平持平或更高。我国高度重视人工

智能发展，2015 年以来先后发布多项政策，涉及范围从产品智能化拓展到技术规模化、产业标准化，并正在向应用成果协同化和生态建设融合化方向发展。

2016 年 3 月，《中华人民共和国国民经济和社会发展第十三个五年规划纲要》中写入"人工智能"。此后，国家多个部门陆续出台多个人工智能产业规划，全面贯彻落实国家发展要求，人工智能发展"大踏步"向前，加快追赶国际领先水平的步伐。《新一代人工智能发展规划》是我国在人工智能领域的重要文件，确定了产业"三步走"发展战略，提出构建开放协同的技术创新体系，部署高端高效的智能经济。2017 年 12 月《促进新一代人工智能产业发展三年行动计划（2018—2020 年）》出台，该文件提出扶持神经网络芯片，实现人工智能芯片在国内实现规模化应用。2021 年 7 月，工业和信息化部出台《新型数据中心发展三年行动计划（2021—2023 年）》，提出要推动新型数据中心与人工智能等技术的协同发展，智能计算成为发展重点，构建完善新型智能算力生态，着力推进智能计算架构下的技术实践和生态布局。

各地根据国家政策的指引，结合当地发展背景及发展条件，确定产业发展模式、建设规模、支撑策略、奖励和人才培养方式，并出台差异化政策。

在发展模式方面，以人工智能赋能传统产业转型升级，实现新型产业、先进技术与现有业务模式深度融合的方式成为主要发展路径。2021 年 8 月，北京市发布《北京市"十四五"时期高精尖产业发展规划》，提出发展人工智能与实体经济深度融合新业态，培育 3 家左右"人工智能＋芯片""人工智能＋信息消费""人工智能＋城市运行"的千亿级领军企业。《北京市"十四五"时期高精尖产业发展规划》总体要求如图 1-11 所示。2021 年 9 月，吉林省出台《吉林省工业发展"十四五"规划》，指出要建立新一代信息技术与制造业融合创新工程，择优遴选一批新一代信息技术创新应用和新模式、新业态产业化项目。

在建设规模方面，各地的产业发展规模与区域经济发展相适应，制订切实可行的规模计划。《天津市新一代人工智能产业发展三年行动计划（2018—2020 年）》指出，到 2020 年，人工智能核心产业规模达到 150 亿元，带动相关产业规模达到 1300 亿元。《江西省"十四五"制造业高质量发展规划》提出，力争到 2025 年，人工智能及相关产业规模突破 1000 亿元。

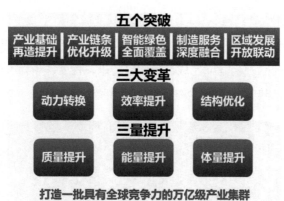

图 1-11　《北京市"十四五"时期高精尖产业发展规划》总体要求

在产业政策方面，各地采用差异化模式、多元化途径，支撑和推进人工智能产业高质量发展。北京市建立健全的管理制度、有效的技术支撑、完善的公共数据开放体系，实现人工智能与大数据融合创新发展。天津市打造"1+3"国家级标杆示范区，构建发展生态，夯实建设根基。山西省建立适合人工智能产业发展的创新生态，培育领军企业，构建产业集聚区。

在奖励扶持和人才培育方面，各地通过资金奖励、人才机制等，推进产业发展。《安徽省人民政府关于支持人工智能产业创新发展若干政策的通知》中，以 3 年为一周期，按照服务范围、服务内容等，对运营情况好、服务能力强、评定优秀的高水平人工智能公共服务平台、开源和共性技术平台，分 300 万元、200 万元、100 万元 3 档给予奖励。北京市发布了《北京市工程技术系列（人工智能）专业技术资格评价试行办法》，完善人才管理机制。河南省发布《关于开展 2020 年度河南省创新引领型企业遴选工作的通知》，提出 2020 年要培育遴选 100 家创新龙头企业、100 家"瞪羚"企业（科技小巨人企业）和 500 家左右科技"雏鹰"企业。

1.2.2　产业形态复杂多元

智能计算产业包括多主体参与、高密度连接的复杂系统，以开放创新平台应用为导向，以投资为连通，以技术为赋能，支撑未来人工智能发展的智能计算中心以及智能化基础设施建设。目前，自主驾驶开放创新平台、"城市大脑"开放创新平台、医学影像开放创新平台、智能语音开放创新平台、智能影像开放创新平台等技术应用平台已经建立完成，形成以腾讯、百度、华为等公司为核心的产业生态。百度自动驾驶开放创新平台 Apollo 如图 1-12 所示。

图 1-12　百度自动驾驶开放创新平台 Apollo

资料来源：百度

我国头部科技企业聚焦平台、底座、生态，布局人工智能发展生态。在推动产业智能化升级的过程中，腾讯始终专注"基础研究＋产业落地"两条腿走路的发展策略。在研究侧，腾讯的研究成果多次在人工智能国际权威比赛中创造了世界纪录，拥有 800 余项 AI 相关专利，与中国科学院软件所、中国科学院自动化研究所、上海交通大学、厦门大学、中山大学、美国密歇根州立大学等 50 多个国内外高校和科研机构开展合作项目。在产业侧，腾讯着力与智慧产业深度融合，挖掘客户痛点，聚焦计算机视觉，专注人脸识别、图像识别、光学字符识别（Optical Character Recognition，OCR）、语音识别等领域开展技术研发和行业落地，切实保障行业实现降本增效。与此同时，腾讯关注科技社会价值，践行科技向善理念，致力于通过视觉 AI 技术解决社会问题。腾讯 AI 精细化解决方案如图 1-13 所示。

百度着力于 AI 技术研发，为建设智能产业生态和开放平台建设提供扎实的技术支撑。百度能够提供 AI 芯片、软件架构和应用程序等全栈 AI 技术，其拥有的"超链分析"技术专利使中国成为在美国、俄罗斯和韩国之外，拥有搜索引擎

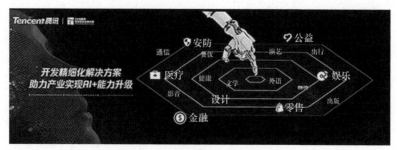

图 1-13　腾讯 AI 精细化解决方案

资料来源：2018 腾讯全球合作伙伴大会

核心技术的国家。基于搜索引擎，百度演化出语音、图像、知识图谱、自然语言处理等人工智能技术；百度在深度学习、对话式人工智能系统、自动驾驶、AI 芯片等前沿领域投资，驱动 AI 生态完善，实现 AI 产品化和商业化。作为 AI 生态的重要组成，百度已经拥有 Apollo 自动驾驶开放创新平台和小度助手（DUER OS）对话式人工智能系统两大开放生态。百度 AI 开放平台和基础设施如图 1-14 所示。

"百度大脑"同时驱动

百度 Apollo 自动驾驶开放创新平台

DUER**OS**

对话式人工智能系统

智能时代基础设施

图 1-14　百度 AI 开放平台和基础设施

资料来源：百度

华为打造了面向"端、边、云"的全场景 AI 基础设施方案，提供 AI 整体解决方案，赋能行业智慧化升级改造。一方面，华为研发出昇腾系列芯片、CANN[1]、MindSpore 深度学习计算框架等 AI 技术底座，为全场景应用提供超强 AI 算力、超高能效比和超强计算性能；另一方面，华为在电力、交通、金融、安防、运营商、制造、超算等领域积累了大量落地案例，与生态伙伴联手打造平安城市、智慧交通、智慧电力、智慧金融等多样化 AI 应用。华为昇腾全场景 AI 基础设施方案如图 1-15 所示。

1　CANN 全称为 Compute Architecture for Neural Network，是指为神经网络定制的计算架构，属于异构计算架构。

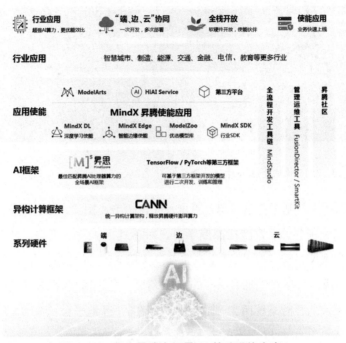

图 1-15　华为昇腾全场景 AI 基础设施方案

资料来源：华为

第二章
智能计算中心发展概述

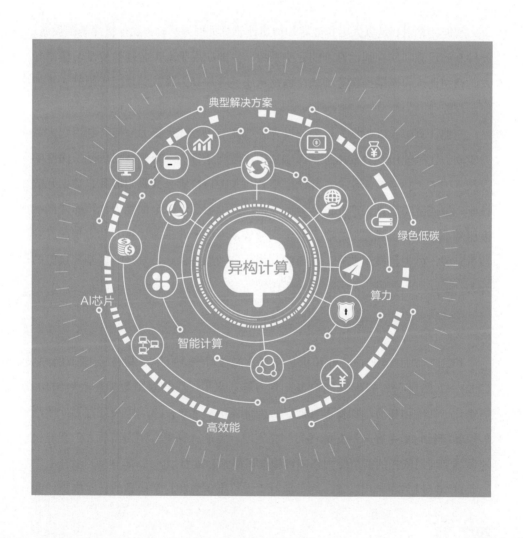

2.1 概念与背景

2.1.1 概念

智能计算中心是以人工智能芯片构建计算机集群为基础，涵盖机房基础设施、硬件基础设施和软件基础设施的完整系统，主要应用于人工智能深度学习模型开发、模型训练和模型推理等场景，提供从底层芯片算力释放到顶层应用的人工智能全栈能力。

智能计算中心以数据为资源，以人工智能专用芯片为算力底座，利用强大算力驱动人工智能模型对数据进行深度加工，面向全行业、全领域提供基于深度学习技术的人工智能算法能力、算法框架和相关接口，集公共算力服务、数据开放共享、智能生态建设、产业创新等于一体，提供智慧计算全栈能力，从而降低社会服务成本，以智能算力生态聚合带动形成多层级产业生态体系，助力传统产业转型升级，催生科技新业态、新模式，优化公共服务供给，发挥新型基础设施的社会价值。

2.1.2 建设背景

2021 年 7 月 14 日，工业和信息化部发布《新型数据中心发展三年行动计划（2021—2023 年）》，指出要加快提升算力算效水平，引导新型数据中心集约化、高密化、智能化建设，加快高性能、智能计算中心部署，推动中央处理器、图形处理器等异构算力提升，支撑各类智能应用。智能计算中心作为当前人工智能快速发展和应用依托的新型算力基础设施就显得尤为重要。

自 20 世纪 60 年代以来，为了应对重大军事研究和科学问题的计算模拟，我国开始建设超级计算机和超算中心。2000 年以后，互联网产业逐步兴起，大数据技术和云计算技术的快速发展，带动了数据中心的建设。云计算数据中心可提供虚拟机计算、数据存储和网络传输等能力。2012 年以来，以深度学习为代表的新一代人工智能技术快速发展，以深度学习计算模式为主的人工智能算力需求呈指数级增长，智能计算中心应运而生。

2.1.3　建设意义

智能计算中心作为公共算力基础设施，将推动国家人工智能战略实施落地，赋能实体经济，提升社会治理水平。

1. 加速人工智能产业创新发展

人工智能产业的蓬勃发展为智能计算中心的建设和发展提供了巨大的机遇，智能计算中心作为 AI 软硬件技术的一体化融合载体，可提供大规模数据处理和智能计算能力，能够加速图像识别、自然语言处理、大规模知识图谱等技术的研发、测试和应用部署进程。智能计算中心的建设将有利于打造先进的算力生态体系，加速 AI 全产业链发展。

2. 驱动企业数字化转型

随着人工智能深度渗透越来越多的行业领域，AI 应用场景呈现多元化发展，而智能计算中心作为高效辅助数字化转型的新型基础设施，企业可以根据业务需要依托智能计算中心提供的 AI 模型库、AI 算力调度平台等自动生成适用于实际需要的业务系统模型，通过提供算力基础设施及通用软件服务，联动产业链上下游，为企业提供完整的 AI 服务链，帮助实现 AI 供给和需求的高效对接，促进产业高质量、智能化发展。

3. 助力智能化治理城市

随着智慧城市、智慧交通的深入发展，城市基础设施智能感知网络逐步完善，智能计算中心作为新基建中非常重要的一环，其所承载的 AI 算力是驱动智慧城市发展的核心动力。传统计算中心在数据处理能力、技术架构等方面都难以满足智能计算的需求，而智能计算中心与人工智能、互联网、大数据、云计算等信息技术相融合，能够迅速将线上、线下的各种类型的主体聚合在一起，提供数据分析、云计算平台、算法和计算能力等工具和资源，从而提升城市治理过程中数据计算、分析、挖掘的能力，推动城市治理智能化发展。

2.2 发展现状

2.2.1 概述

1. 赋能智能算力需求，提供全栈计算能力

智能计算中心以人工智能专业芯片为底座，构建人工智能计算系统，为人工智能提供软硬件全栈能力，满足指数级增长的人工智能算力需求。以深度学习为代表的新一代人工智能技术快速突破和应用，使人工智能算力需求呈现指数级增长，并逐渐成为极为重要的计算资源需求。一方面，人工智能算法越来越复杂、模型规模不断增大，图片、语音、视频等非结构化数据呈现爆炸式增长；另一方面，人工智能与 5G、物联网等行业领域的结合加深，应用落地不断加快。OpenAI 数据表明，2012 年以来，最大规模的人工智能训练所需要的计算资源快速增长，平均 3.5 个月就要翻一倍。2012—2018 年人工智能训练算力增长情况如图 2-1 所示。

从 Alex Net 到 Alpta Go Zero：AI 训练中所使用的算力增长了 30 万倍以上。

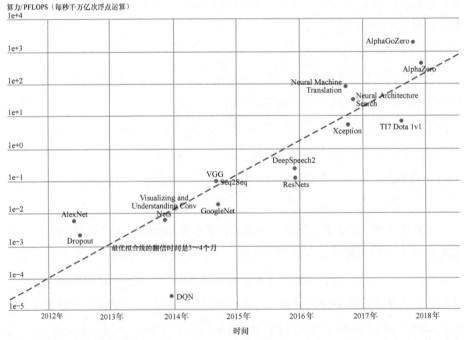

注：图中所示均为人工智能算法。

图 2-1 2012—2018 年人工智能训练算力增长情况

资料来源：OpenAI

　　智能计算中心作为公共算力基础设施，能够有效满足快速增长的AI算力需求，契合我国当前社会经济发展阶段的要求和转型需求。一方面，传统的云计算数据中心及高性能计算中心呈现智能化服务或智能化算力建设加速的趋势，在一定程度上提供了人工智能发展所需的算力；另一方面，以人工智能算力为主的人工智能计算中心应运而生，其借鉴了超算中心和云计算数据中心的海量并行计算和数据快速处理的技术架构，但在软件架构和业务架构方面并不相同。智能计算中心能够提供人工智能计算范式所需的专用算力，配合少量的通用算力以进行数据预处理和其他任务，从而以较低的成本提供高效的人工智能专用算力。

　　智能计算中心面向AI典型应用场景，可解决不同应用场景的算力需求，成为赋能实体经济实现新旧动能转换，促进产业智能化和AI产业化的关键驱动力。智能计算中心基于人工智能芯片构建了人工智能计算系统，主要应用于人工智能模型开发、模型训练和推理服务场景，以及知识图谱、自然语言处理、智能制造、自动驾驶、智慧农业、防洪减灾等典型场景。智能计算中心可提供软硬件全栈能力，包括基于人工智能芯片的计算资源、高速互联网络资源等硬件资源，以及计算框架、平台、应用市场、行业智能体等服务。在当前与云计算结合的发展趋势下，云底座可以提供基础设施即服务（Infrastructure as a Service，IaaS）、平台即服务（Platform as a Service，PaaS）、运营软件等。智能计算中心的建设和发展同时对大规模算法和模型的基础理论研究、实时复杂的智能化计算引擎发展、人工智能应用的商业落地、关键共性技术的研发创新等方面形成条件支撑，并将共同促进人工智能硬件、软件和智能云服务之间相互协同的生态链发展。智能计算中心应用赋能如图2-2所示。

图2-2　智能计算中心应用赋能

资料来源：中国信息通信研究院

2. 加快提升建设速度，支撑区域智能经济

智能计算中心作为公共算力基础设施，加快在全国范围内的建设进程，赋能社会经济发展要求。党中央、国务院高度重视新型基础设施建设，对推进新型基础设施建设做出了部署，为经济社会高质量发展强基筑本。2020 年 4 月，国家发展和改革委员会首次明确新型基础设施范围，将智能计算中心作为算力基础设施的重要代表纳入信息基础设施范畴。国务院发布的《新一代人工智能发展规划》中明确提出建设"高效能计算基础设施"。《新一代人工智能发展规划》的目标如图 2-3 所示。科学技术部数据显示，截至 2021 年 12 月，我国先后批准设立了北京、上海、合肥等 17 个国家新一代人工智能创新发展试验区，西安、成都、许昌、上海、南京、杭州、广州、大连、青岛、长沙、太原、南宁等地的智能计算中心加快建设速度。

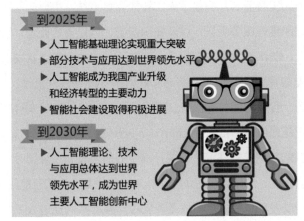

图 2-3 《新一代人工智能发展规划》的目标

资料来源：新华社

随着 AI 产业化和产业 AI 化的深入发展，智能计算中心已经受到越来越多地方政府的高度关注并开展前瞻性布局，已成为支撑和引领数字经济、智能产业、智慧城市、智慧社会发展的关键性信息基础设施。深圳、横琴新区等地率先开始布局智能计算中心。2019 年 12 月，我国首个智能计算中心——横琴人工智能超算中心建成，服务于粤港澳大湾区，算力规模接近每秒 120 亿亿次浮点运算（1200PFLOPS[1]），是目前全国算力规模最大的智能计算中心。横琴人工智能超算

---

1 FLOPS 全称为 Floating-point Operations Per Second，指每秒浮点运算次数。PFLOPS 是指千万亿次级浮点运算，EFLOPS 是指百亿亿次级浮点运算。

中心如图 2-4 所示。2020 年 9 月，服务于珠三角地区的"鹏城云脑Ⅱ"建成，其具备世界顶级的数据吞吐能力和 AI 算力水平。

图 2-4　横琴人工智能超算中心

2021 年《中华人民共和国国民经济和社会发展第十四个五年规划和 2035 年远景目标纲要》发布，提出建设现代化基础设施体系。许昌、南京、大连和沈阳等地规划建设智能计算中心。2021 年 5 月，武汉人工智能计算中心建成，其建设规模为 100PFLOPS，是全国首个面向产业的多样性算力公共服务平台。2021 年 7 月，南京智能计算中心建成，是长三角地区当前投运的最高算力智能计算中心。2021 年 9 月，西安未来人工智能计算中心建成，是西北地区首个大规模人工智能算力集群。南京智能计算中心如图 2-5 所示。

图 2-5　南京智能计算中心

3. 持续推进多方合作，释放"政、产、学、研"能力

智能计算中心正处于发展起步阶段，政府、企业和学术机构均积极响应，并

以多方合作的形式在智能计算中心建设领域进行探索。城市间人工智能角逐日益激烈，智能计算中心等算力基础设施建设成为城市增强竞争力的关键所在。我国已在深圳、横琴新区、武汉、南京和西安等地建成十余个人工智能计算中心，上海、大连、成都、沈阳等地有在建和建设计划。以华为和寒武纪为代表的信息与通信技术（Information and Communications Technology，ICT）基础设施企业凭借其物理设施建设优势，承建智能计算中心，搭建产业合作平台，打造人工智能算力生态。

以清华大学、北京大学、中国科学院等为代表的高校和科研机构为智能计算中心建设提供了技术支撑和人才输入，赋能应用创新和产业增长，助力智能计算中心生态建设。高校和科研机构深度参与智能计算中心建设，中国科学院自动化研究所、武汉大学、武汉理工大学参与建立武汉人工智能计算中心。西安电子科技大学、西北工业大学、陕西师范大学合作建立西安未来人工智能计算中心。清华大学、中国科学院计算技术研究所、南京信息工程大学气象科学技术研究院等一批智能创新学术研究力量依托南京智能计算中心开展人工智能研发应用创新。

2.2.2 建设主体

目前，智能计算中心正处于发展起步阶段，政府、企业、高校和科研机构均积极响应，并以多方合作的形式在智能计算中心建设领域进行探索。

1. 地方政府

深圳率先布局人工智能计算中心，发挥 AI 企业的经验优势和高端人才优势，推进人工智能应用深化和业态创新。深圳高度重视新建基础设施体系超前部署，提出以"鹏城云脑"和深圳超算中心为依托，大力发展全球智能计算高地等，加快建立"产、学、研"深度融合的创新基础设施体系。深圳鹏城实验室联合华为，推动"鹏城云脑"建设，共同打造人工智能计算中心，营造人工智能开放创新生态。"鹏城云脑 II"于 2020 年 9 月建成，算力规模至少可达到 1000PFLOPS，主要应用于大模型研究、智慧交通、智慧医疗、计算机视觉、自然语言、自动驾驶等场景中，有力支撑我国人工智能理论研究和技术创新。"鹏城云脑 II"获得 IO500 SC21 全系统榜冠军如图 2-6 所示。"鹏城云脑 II"获得 IO500 SC21 10 节点规模榜冠军如图 2-7 所示。

IO500 SC21 List	IO500	10 Node	Full	Historical	Customize	Download

This is the SC21 IO500 list

				INFORMATION					IO500	
# ↑	BOF	INSTITUTION	SYSTEM	STORAGE VENDOR	FILE SYSTEM TYPE	CLIENT NODES	TOTAL CLIENT PROC.	SCORE ↑	BW (GIB/S)	MD (KIOP/S)
1	ISC21	Pengcheng Laboratory	Pengcheng Cloudbrain-II on Atlas 900	Pengcheng	MadFS	512	36,864	36,850.40	3,421.62	396,872.82
2	SC21	Huawei HPDA Lab	Athena	Huawei	OceanFS	10	1,720	2,395.03	314.56	18,235.71
3	SC21	Olympus Lab	OceanStor Pacific	Huawei	OceanFS	10	1,720	2,298.69	317.07	16,664.88
4	SC21	Huawei Cloud		PDSL	Flashfs	15	1,560	2,016.70	109.82	37,034.00
5	ISC21	Intel	Endeavour	Intel	DAOS	10	1,440	1,859.56	398.77	8,671.65
6	ISC20	Intel	Wolf	Intel	DAOS	52	1,664	1,792.98	371.67	8,649.57
7	ISC21	Lenovo	Lenovo-Lenox	Lenovo	DAOS	36	3,456	988.99	176.37	5,545.61
8	SC21	BPFS Lab	Kongming		BPFS	10	800	972.60	96.26	9,827.09
9	SC19	WekaIO	WekaIO on AWS	WekaIO	WekaIO Matrix	345	8,625	938.95	174.74	5,045.33
10	ISC20	TACC	Frontera	Intel	DAOS	60	1,440	763.80	78.31	7,449.56

图 2-6　"鹏城云脑 II"获得 IO500 SC21 全系统榜冠军

资料来源：鹏城实验室

10 Node SC21 List	IO500	10 Node	Full	Historical	Customize	Download

This is the SC21 IO500 10-nodes list

				INFORMATION					IO500	
# ↑	BOF	INSTITUTION	SYSTEM	STORAGE VENDOR	FILE SYSTEM TYPE	CLIENT NODES	TOTAL CLIENT PROC.	SCORE ↑	BW (GIB/S)	MD (KIOP/S)
1	ISC21	Pengcheng Laboratory	Pengcheng Cloudbrain-II on Atlas 900	Pengcheng	MadFS	10	1,800	2,595.89	193.77	34,777.27
2	SC21	Huawei HPDA Lab	Athena	Huawei	OceanFS	10	1,720	2,395.03	314.56	18,235.71
3	SC21	Olympus Lab	OceanStor Pacific	Huawei	OceanFS	10	1,720	2,298.69	317.07	16,664.88
4	ISC21	Intel	Endeavour	Intel	DAOS	10	1,440	1,859.56	398.77	8,671.65
5	SC21	BPFS Lab	Kongming		BPFS	10	800	972.60	96.26	9,827.09
6	ISC20	Intel	Wolf	Intel	DAOS	10	420	758.71	164.77	3,493.56
7	ISC21	Lenovo	Lenovo-Lenox	Lenovo	DAOS	10	960	612.87	105.28	3,567.85
8	SC21	NRCTM	ASTRA	NRCTM	DAOS	10	360	511.02	87.50	2,984.61
9	ISC20	TACC	Frontera	Intel	DAOS	10	420	508.88	79.16	3,271.49
10	ISC21	National Supercomputer Center in GuangZhou	Venus2	National Supercomputer Center in GuangZhou	kapok	10	480	474.10	91.64	2,452.87

图 2-7　"鹏城云脑 II"获得 IO500 SC21 10 节点规模榜冠军

资料来源：鹏城实验室

武汉人工智能计算中心于 2021 年 5 月正式投运，一期规模为 100PFLOPS，该计算中心围绕数字设计、智能制造、智慧城市、基因测序四大应用场景，向自动驾驶、智慧城市、智慧医疗、智慧交通等领域提供人工智能普惠算力。此外，武汉与华为依托武汉人工智能计算中心打造"一中心四平台"的模式。其中，第一个平台是公共算力服务平台，通过产业政策引导将人工智能计算中心的算力资源有序开放给武汉的企业、科研机构和高校，满足其在人工智能科研创新和产业智能化转型过程中的算力需求。第二个平台是应用创新孵化平台，结合武汉的产业优势，与企业、科研机构和高校等合作，进行先导性的应用开发和场景试验，牵引科技创新成果商用转化，形成重大产品创新和示范应用。目前，中国科学院自动化研究所、武汉大学遥感信息工程学院等科研机构和高校，以及部分企业已经和武汉人工智能计算中心展开项目合作。第三个平台是产业聚合发展平台，聚合人工智能价值链相关企业，逐步形成完整的产业闭环，同时建设配套园区，推动人工智能产业集约集聚发展。第四个平台是科研创新和人才培养平台，根据各自的教育资源情况，各地鼓励科研机构和高校联合龙头企业以"产、学、研"合作模式创建人工智能重点实验室、研究所等创新科研组织，加速创新落地和人才培养。武汉人工智能计算中心如图 2-8 所示。

图 2-8　武汉人工智能计算中心

南京智能计算中心作为长三角地区最强的计算中心之一，为人工智能应用提供核心生产力，为城市人工智能产业化发展提供高速通道，支撑多领域的广泛创新和智慧转型。在建设规模方面，南京智能计算中心计划由南京市麒麟科技创新园携手浪潮、寒武纪共同打造，采用获得全球 AI 基准测试冠军的浪潮 AI 服务器算力机组，搭载领先的寒武纪思元 270 和思元 290 智能芯片及加速卡。当前，该项目已建成算力规模达 0.8EOPS[1]，计划二期累计算力达到 1.8EOPS，

1　EOPS 全称为 Exa Operations Per Second，指每秒百亿亿次级运算。

三期累计算力达到 2.5EOPS。在运营模式方面，南京智能计算中心采用"一中心、一底座、N 平台"模式，即一个算力支撑中心、一个 PaaS 生态拓展底座、N 个应用平台，重点支撑科技金融、智能制造、智慧零售、智慧医疗、智慧交通等领域的应用创新，立足南京、面向长三角地区、辐射全国，形成智能计算服务、交叉研究、产业创新三位一体的应用架构。南京智能计算中心架构如图 2-9 所示。

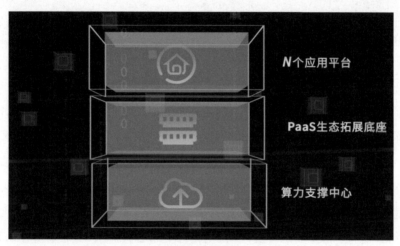

图 2-9　南京智能计算中心架构

资料来源：中科逆熵

　　西安未来人工智能计算中心采用"扶上马、送一程"的策略，引入辅助运营、软件基础设施、硬件基础设施、基建基础设施等全栈服务，避免出现"建"与"用"断层。2021 年 9 月，西安未来人工智能计算中心正式上线运营，算力规模达到 300PFLOPS，应用场景涵盖智慧医疗、智慧城市、智慧交通、自动驾驶、智慧矿山，开启了西安人工智能产业新篇章。围绕智能计算中心，该项目搭建了 4 个生态平台，即公共算力服务平台、应用创新孵化平台、产业聚合发展平台、科研创新人才培养平台，打通"政、产、学、研、用"，从而更好地发挥智能计算中心服务产业的价值。作为西北地区向人工智能迈进的一个重要里程碑，西安未来人工智能计算中心助力雁塔区实施"一区五城一根本"的战略布局，在深化人工智能产业链、创新链"双链融合"的基础上，支撑西安"6+5+6+1"现代产业体系发展。西安未来人工智能计算中心（效果）如图 2-10 所示。

图 2-10　西安未来人工智能计算中心（效果）

2. 业界企业

在我国人工智能计算中心参与建设的企业中，华为参与建设的智能计算中心数量高达 9 个，分别位于深圳、武汉、西安、成都、大连、郑州、沈阳、南京和晋城；寒武纪参与建设的智能计算中心有 5 个，分别位于珠海、西安、合肥、南京和昆山；腾讯在上海建设腾讯长三角人工智能超算中心；浪潮和寒武纪合作建设南京智能计算中心；浪潮还参与了无锡人工智能计算中心建设。与此同时，百度、算能科技、商汤科技、中国电信等企业也积极参与智能计算中心建设。我国智能计算中心建设情况见表 2-1。

表 2-1　我国智能计算中心建设情况

主要建设企业	名称	算力规模	建设时间
华为	"鹏城云脑Ⅱ"	1000PFLOPS	2020 年
	武汉人工智能计算中心	一期建设规模为 100PFLOPS AI 算力	2021 年
	南京智能计算中心	投入运营的 AI 算力规模为 0.4EOPS（16 位）	2021 年
	西安未来人工智能计算中心	一期规划 300PFLOPS（16 位）计算能力	2021 年
	成都人工智能计算中心	建设 300PFLOPS 的人工智能算力平台，最终的算力规模将达到 1000PFLOPS	2021 年
	中原人工智能计算中心	一期规划 100PFLOPS（16 位）	2021 年
	大连人工智能计算中心	100PFLOPS 人工智能算力和 4PFLOPS 高性能算力	2021 年

主要建设企业	名称	算力规模	建设时间
华为	沈阳人工智能计算中心	300PFLOPS	2021 年
	智能矿山创新实验室创新成果 & 计算中心	算力规模达 20PFLOPS（16 位），碳排放减少 90%	2021 年
寒武纪	横琴人工智能超算中心	已建成算力 0.58EOPS（16 位），完全建成后达到 2EOPS（16 位）	2019 年
	西安沣东新域智能计算中心	智能算力 115POPS [1]	2019 年
	合肥先进计算中心	峰值 128POPS（16 位）	2020 年
	南京智能计算中心	投入运营的 AI 算力规模达 0.4EOPS（16 位）	2021 年
	昆山智能计算中心	人工智能算力不低于 0.5EOPS（16 位）	2022 年
腾讯	腾讯长三角人工智能超算中心	每秒 1.1 亿亿次（1.1PFLOPS）浮点运算	2020 年
浪潮	无锡人工智能计算中心	——	2021 年
	南京智能计算中心	投入运营的 AI 算力规模达 0.4EOPS（16 位）	2021 年
百度	百度"城市大脑"AI 计算中心	单芯片提供 256TOPS [2] 处理能力	2018 年
算能科技	福州长乐 AI 算力中心	具备大规模视频智能分析能力	2019 年
商汤科技	上海新一代人工智能计算与赋能平台	建成后 AI 计算峰值速度将达到 3740PFLOPS	2020 年
中国电信	中国电信京津冀大数据智能算力中心	园区一期 4 栋数据中心总算力可达到 30TFLOPS [3]	2021 年

注：1. POPS 全称为 Peta Operations Per Second，即每秒千万亿次级运算。

　　2. TOPS 全称为 Tera Operations Per Second，即每秒万亿次级运算。

　　3. TFLOPS 全称为 Tera Floating-Point Operations Per Second，即每秒万亿次级浮点运算。

资料来源：中国信息通信研究院

　　华为汇聚"产、学、研"各方力量，大力发展智能计算中心，提升人工智能计算能力与产业赋能能力，实现人工智能产业高质量发展。

　　在技术方面，华为智能计算中心专注于 AI 计算的新型城市基础设施，以普惠算力为科研创新与数字经济提供新动能，通过提供 Atlas 系列硬件、异构计算架构 CANN、全场景 AI 框架 MindSpore、应用 MindX、人工智能使能平台 ModelArts 等人工智能全栈能力，具备极致性能、快速交付、持续运营等一系列优势。全栈全场景 AI 解决方案如图 2-11 所示。

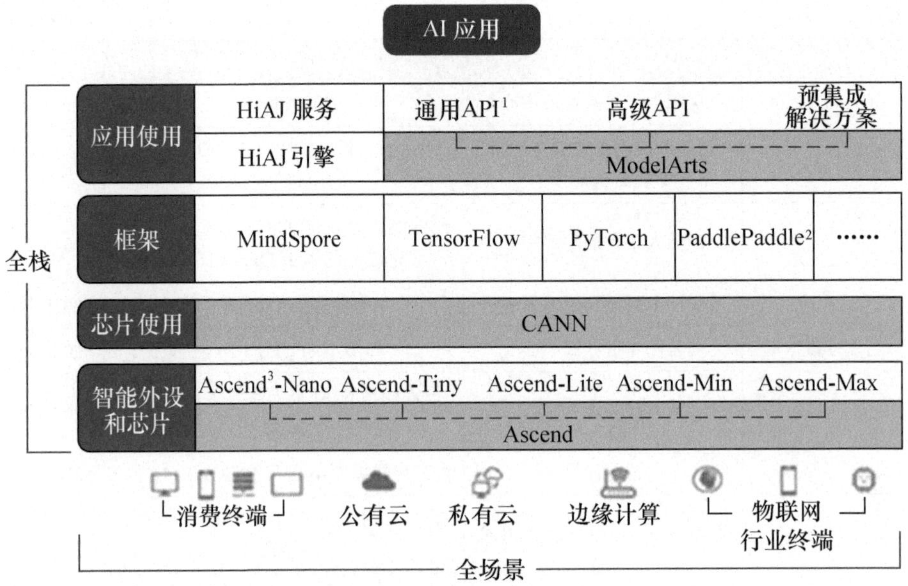

AI 应用

				预集成 解决方案
应用使用	HiAJ 服务	通用API[1]	高级API	
	HiAJ 引擎		ModelArts	

框架	MindSpore	TensorFlow	PyTorch	PaddlePaddle[2]	……

芯片使用	CANN

智能外设 和芯片	Ascend[3]-Nano Ascend-Tiny Ascend-Lite Ascend-Min Ascend-Max
	Ascend

全栈

消费终端   公有云   私有云   边缘计算   物联网
行业终端

全场景

注：1. API（Application Programming Interface，应用程序接口）。
2. PaddlePaddle 即百度飞桨深度学习平台。
3. Ascend 指昇腾。

图 2-11   全栈全场景 AI 解决方案

资料来源：华为

在产业生态方面，华为以智能计算中心为抓手，驱动产业优化升级，打造 AI 创新生态。依托智能计算中心，华为助力西安市雁塔区打造公共算力服务平台、应用创新孵化平台、产业聚合发展平台、科研创新和人才培养平台，形成"一中心＋四平台"的人工智能产业布局。同时，华为在雁塔区配套建设昇腾人工智能生态创新中心，以提供辅助运营服务和生态服务，驱动新产业的孵化，促进科技创新和产业升级。华为人工智能计算中心解决方案如图 2-12 所示。

在应用布局方面，华为人工智能计算中心已在多省市落地应用，构建"产、学、研"一体化发展模式，助力地区产业经济高质量发展。其中，武汉人工智能计算中心已为多家企业、高校与科研机构提供算力和产业服务，现已开始二期扩容。西安未来人工智能计算中心已签约西安电子科技大学遥感项目、西北工业大学语音大模型项目、陕西师范大学"MindSpore 研究室"等项目，助推西北地区人工智能产业高质量发展。此外，华为正在全国 20 多个城市积极布局人工智能计算中心。华为"一平台双驱动"如图 2-13 所示。

图 2-12　华为人工智能计算中心解决方案

资料来源：华为

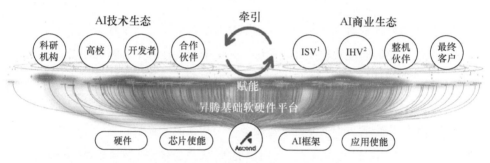

注：1.ISV（Independent Software Vendor，独立软件开发商）。
　　2.IHV（Independent Hardware Vendor，独立硬件开发商）。

图 2-13　华为"一平台双驱动"

资料来源：华为

　　面向智能计算中心，浪潮构建了生产算力、聚合算力、调度算力、释放算力四大关键环节，高效支撑数据开放共享、智能生态建设、产业创新聚集，有力促进 AI 产业化、产业 AI 化及政府治理智能化。

　　在算力生产层面，浪潮打造了业内最强、最全的 AI 计算产品矩阵之一。在算力调度层面，浪潮 AIStation 人工智能开发平台能够为 AI 模型进行开发训练与推理部署，提供从底层资源到上层业务的全平台全流程管理支持，帮助企业提升资源使用率与开发效率 90% 以上，加快 AI 开发应用创新。在聚合算力方面，浪潮持续打造更高效率、更低时延的硬件加速设备，并不断优化软件栈。在算力释放方面，浪潮 AutoML Suite 为人工智能客户与开发者提供快速高效开发 AI 模型的能力，开启 AI 全自动建模新方式，加速产业化应用。浪潮 AI 服务器 AGX-5 如图 2-14 所示。

图 2-14　浪潮 AI 服务器 AGX-5

　　浪潮融合多元算力，为智能计算中心落地实践构建开放的应用生态，充分释放生产力，赋能产业智能化发展。浪潮联合寒武纪打造的南京智能计算中心已经投入使用。其中，智能集群硬件设备可以为整个智能计算中心解决方案提供基础支撑，包含智能计算单元、数据存储单元、网络交换单元、支撑管理单元、信息安全单元等，提供 AI 算力、通用算力、高性能交换网络、全闪存储、分布式存储、信息网络安全等方面的基础支撑服务。浪潮智能计算中心落户克拉玛依云计算产业园区后，为推动克拉玛依城市治理现代化、智慧能源、智慧教育、高端装备、数字农业等的发展注入新动能。

　　3.　高校和研究机构

　　以清华大学、北京大学、中国科学院等为代表的高校和科研机构为智能计算中心建设提供技术支撑和人才输入，赋能应用创新和产业增长，助力智能计算中心生态建设。

　　在应用创新与成果转化方面，高校和科研机构深度参与智能计算中心建设，中国科学院自动化研究所、武汉大学、武汉理工大学参与建立武汉人工智能计算中心。西安电子科技大学、西北工业大学、陕西师范大学合作建立西安未来人工智能计算中心。清华大学、中国科学院计算技术研究所、南京信息工程大学气象科学技术研究院等一批智能创新学术研究力量依托南京智能计算中心开展人工智能研发应用创新；而西安沣东新城智能计算中心已与北京科技大学、青岛大学、西北工业大学、西安电子科技大学、西安邮电大学、陕西师范大学等多所高校建立合作，与西安交通大学、西北工业大学、西安电子科技大学、西安邮电大学等

6 所高校成立人工智能联合实验室。中国科学院计算技术研究所深度学习蛋白质结构预测如图 2-15 所示。

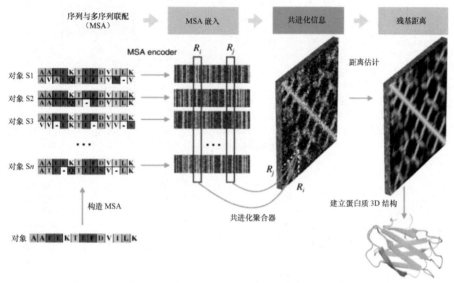

图 2-15　中国科学院计算技术研究所深度学习蛋白质结构预测

　　清华大学是智能计算中心建设的重要参与机构，持续突破人工智能关键技术，为智能计算中心的建设和运营培育了大量人才，并有效夯实了技术根基，推进成果转化。清华大学深耕生命科学智能计算、"双碳"目标下的绿色计算和自动驾驶泛在能力。在生命科学智能计算方面，清华大学聚焦基因编辑，通过智能算法精准定位治病基因，同时解析蛋白质结构，了解病毒和人体的交互方式，应用于新型冠状病毒肺炎中和抗体药物研发；在绿色低碳方面，清华大学利用智能算法对大数据进行智能决策，有效配置资源，加速资源循环，对电力供应及使用、能源储备的各个环节进行数据监控、优化、感知、均衡，降低智能计算中心运行大规模计算引发的高能耗问题；在自动驾驶方面，清华大学依托智能计算中心收集大量数据，进行反复测试，加快算法改进，解决自动驾驶、无人驾驶的泛在预测问题，提高视觉与多传感器的感知能力，提高车路协同的安全水平。同时，清华大学充分发挥基础研究优势，培育高端应用人才，建立研究与产业贯通的创新机制和应用生态。清华大学—中电海康集团有限公司类脑计算联合研究中心，依托清华大学精密仪器系，基于类脑计算研究建立完整的应用生态，支撑人工通用智能。图灵人工智能研究院支持的 CAMP[1] 项目如图 2-16 所示。

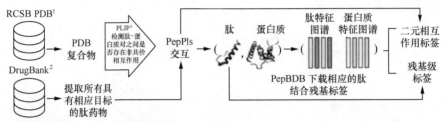

注：1. RCSB PDB是一个蛋白质信息数据库。
　　2. DrugBank是一个药物数据库。
　　3. PLIP英文全称Protein-Ligand Interaction Profiler，是一个蛋白配体非共价相互作用的分析工具。

（a）数据管理和标签提取的工作流程

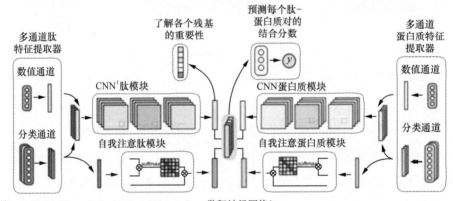

注：1. CNN（Convolutional Neural Networks，卷积神经网络）。

（b）CAMP 的网络架构

图 2-16　图灵人工智能研究院支持的 CAMP 项目

中国科学院作为我国重要的科研机构，具备全链条的人工智能技术创新能力，承担起夯实智能计算中心技术根基、深化产业发展的责任。中国科学院搭建了人工智能"产、学、研"创新联盟新一代人工智能计算平台，其基于中国科学院的多项重大科技成果，旨在打造智能计算中心建设标杆，为区域智能计算中心建设提供标准的可复制范本，为智算产业发展提供开放包容、通用融合、绿色高效、普惠可及的新一代人工智能平台方案。

中国科学院计算技术研究所深度参与地区智能计算中心建设，充分发挥中国科学院高端创新资源的作用，与珠海市横琴新区共建横琴人工智能超算中心。同

1　CAMP（Computer Architectures for Machine Perception，机器感知的计算机体系结构）是一个可多层次预测多肽蛋白相互作用的深度学习框架。

时，中国科学院计算技术研究所也参与构建南京智能计算中心的开发环境，为蛋白质结构预测提供稳定的推断服务。中国科学院大连化学物理研究所参与建设大连智能计算中心，充分释放智能计算中心产业价值。中国科学院自动化研究所基于武汉人工智能计算中心发布多模态大模型"紫东·太初"，其能够实现视觉、文本、语音 3 个模态间的高效协同，轻松完成智能问答、图片生成、视频理解与生成等任务，将在工业质检、影视创作、互联网推荐、智能驾驶等领域广泛应用。"紫东·太初"文本预训练模型如图 2-17 所示。

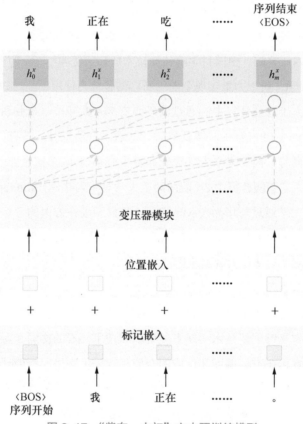

图 2-17 "紫东·太初"文本预训练模型

2.2.3 主要特征

1. 开放合作

智能计算中心的公共属性决定其建设需要由政府主导筹划，其技术密集属性决定其具体建设运营需要由相关科技企业或科研机构执行，而智能计算中心的建设运行需"产、学、研、用"开放合作，协同推进。

武汉人工智能计算中心将赋能"产、学、研、用"融合创新，围绕重点场景，展示一批有影响、有效果的人工智能应用示范成果，树立全国人工智能发展标杆。自建成以来，武汉人工智能计算中心已吸引武汉大学、中国科学院、斗鱼等 40 多家知名高校、科研机构和企业入驻。截至 2021 年 9 月，有意向入驻武汉人工智能计算中心的企业已达 200 家，武汉人工智能计算中心未来还将为更多武汉高校、科研机构和企业提供算力服务。

南京智能计算中心吸引了唯仁科技、南栖仙策、清华大学、南京信息工程大学气象科学技术研究院、中国科学院计算技术研究所等 40 多家"产、学、研"机构入驻，"产、学、研"力量实现全面创新，储备算力使用率超过 30%。

西安未来人工智能计算中心通过调研西安 214 家高校、企业和科研机构，发现算力需求超过 500PFLOPS，涉及科研、制造、自动驾驶、教育、医疗、交通、电力等行业。同时，西安未来人工智能计算中心也与 40 多家企业开展合作交流。依托西安未来人工智能计算中心，陕西师范大学与华为共建"MindSpore 研究室"；西安电子科技大学通过与华为在 MindSpore 和昇腾硬件方面的合作，推动技术融合和应用开发；西北工业大学在昇腾 Atlas 算力底座和 AI 框架 MindSpore 下，打造"空-天-地-海"一体化大数据应用技术。

2. 创新融合

智能计算中心采用最新的技术理念，提供领先的算力和算法等服务，通过硬件重构和软件定义等创新技术实现多种资源和技术要素的协同和融合。智能计算中心深度参与算力生产、调度和供应的全流程，采用先进的智能计算架构，满足智能计算对算力需求的指数级增长，赋能数据加工、数据处理、数据挖掘、数据分析的各个环节，充分释放数据价值，高效支撑数据开放共享。

智能计算中心建立高效集约的融合架构，实现多种计算资源协同发展。智能计算中心通过硬件重构实现资源池化，采用新型高速的内外部互联技术，融合异构计算芯片，实现各业务场景计算资源的灵活调度。通过软件定义，智能计算中心将可重构的不同硬件资源池组成服务器、存储、网络系统，实现资源高效管理、灵活调度，推动数据在资源池中的流转。软硬件协同模式能够使硬件承载更多业务，实现软件智能化调度和管理，大幅提升处理效率，同时减少性能损失。

3. 生态协同

智能计算中心的基础设施属性决定其核心功能之一是为各行各业提供智慧化转型支撑。智能计算中心需面向行业发展需求，基于算力、算法和数据等核心资源的汇聚，开展技术研发、成果转化和落地等工作，进一步吸引业务、资金和人才等创新要素集聚，共同培育智能产业生态。

智能计算中心需要建立开放开源的生态体系，形成合作共赢的组织联盟，变革生产模式和应用服务模式，进而持续提升智能计算中心的技术能力和建设水平。

通信、金融、能源等关键领域的优势企业陆续加入开放数据中心委员会（Open Data Center Committee，ODCC）等开源组织，ODCC 开放计算服务器已经在代表数据中心最高发展水平的顶级互联网数据中心得到大规模部署，实现从操作系统、数据库、中间件到云计算、大数据、算法框架等基础软件，再到以 RISC-V 为代表的芯片和以 ODCC 为代表的计算硬件等数据中心各要素开源开放，构建起成熟的智能计算中心软件生态和组织生态。ODCC 边缘计算服务器如图 2-18 所示。

图 2-18　ODCC 边缘计算服务器

智能计算中心构建开放智能的技术融合架构，实现人工智能、云计算、大数据等技术协同共生，推动算法模型、AI 技术、资金人才等要素深度融合，从底层技术、要素创新、行业应用等维度建立资源要素集聚的智能计算中心生态，用以服务全产业链的应用实践，加速智能计算中心与各行业、各领域的融合落地。

2.3　技术现状

2.3.1　核心技术

随着高密度存储、云端一体、液浸冷却、计算小型化等技术的发展，智能计算中心建设加快推动，新型基础设施相关产业快速发展。

1. 高密度存储技术

高密度存储技术能够在更小的空间存储更多的数据，有效解决智能计算中心海量数据存储容量不足的问题，为源源不断的 TB 级新数据提供足够的存储空间。同时，该技术可以减少服务器机房设备的占地面积。热辅助磁记录、晶格介质存储、全息存储、DyCo5 材料存储等高密度存储技术持续研发创新，以满足持续增长的数据存储容量和存储密度。

热辅助磁记录技术在写入存储介质时，通过聚焦光束对最小磁化区域进行加热，解决少量热量对纳米级比特区域的干扰问题，可有效利用热量，确保在纳米级比特单元进行加热时仍保持磁化状态。晶格介质存储技术通过光蚀刻微影的方式在晶格介质上划分统一的网格磁性单元，实现单比特占用空间少，存储密度高。全息存储技术通过消费光学和人工智能技术，将数据存储为可重写的全息图，借助商用高分辨率相机技术和深度学习技术，将高端驱动芯片（High Side Driver，HSD）设备迁移到云端，缩短读写时间，提高实时访问效率。DyCo5 材料存储技术针对超高密度热辅助数据存储设备，提出高效节能的解决方案，使数据写入时实现快速磁化，且材料耗能更少、性能更优。传统存储与光全息存储的对比分析如图 2-19 所示。

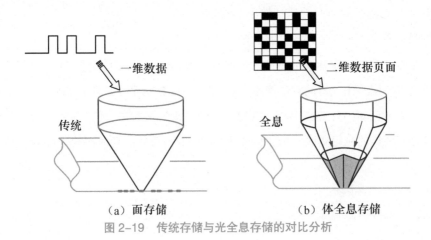

（a）面存储　　　　　　　　　（b）体全息存储

图 2-19　传统存储与光全息存储的对比分析

2. 云端一体技术

云服务和终端的一体化技术通过设计智能终端硬件、定制操作系统、开发特色应用等方式，搭建云端基础设施，快速建立与维护云端服务，实现终端应用与云服务的无缝衔接。云端一体技术基于标准云服务体系，增强海量数据存储能力和运算能力，提供多样化业务建设模式和智能化终端定制服务。"云"涵盖技术智能和数据智能，拥有激活数字化的组织变革能力，呈现更强大的智能性；"端"是指各类终端，包括传统 App 及各种软硬件一体的入口形态。云端一体技术的策略是"以端强云，以云促端"，将"新终端"作为出口，加快"人云交互"，推进生态智能，深化智能计算中心应用。

我国云端一体技术已取得一定进展，阿里云 2.0 是"云＋数字原生"的操作系统组合，是通过阿里云数字原生操作系统和云钉一体定义的"云端一体"，具备跨硬件、操作系统、终端的能力，从端到云"升级"为从云到端。腾讯云整合技术能力、基础架构、精细化运营、生态建设等多方面的能力，打造全链路、多场景解决方案，提供集云计算、云数据、云运营于一体的"云端＋终端"全新解决方案。阿里云 2.0 如图 2-20 所示。

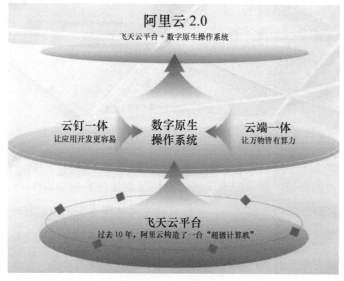

图 2-20　阿里云 2.0

资料来源：2020 云栖大会

3. 液浸冷却技术

液浸冷却技术通过将硬件浸没在介电、导热的液体中，利用热量吸收和蒸发冷却的方式，降低 IT 设备热量。作为新一代散热解决方案，液浸冷却技术有着不可比拟的高散热性能，可以完美地解决 IT 设备高功耗的散热问题。同时，该技术可节省大量的能源，预期在数据中心、边缘计算、智能计算等领域得到广泛应用。

为了推动液浸冷却技术发展，ODCC 发布了《数据中心路由器液冷系统技术要求及测试报告》，指出液冷（液浸冷却）技术是大功率设备散热节能减排的有效技术策略，适应在数据指数级增长环境下绿色低碳、高质高效的数据中心建设要求。

阿里云建成年均电源使用效率（Power Usage Effectiveness，PUE）达 1.09 的绿色节能型单相全浸没式液冷数据中心——阿里巴巴浙江云计算仁和液冷数据中心，可将 IT 设备完全浸没在绝缘冷却液中，实现服务器 100% 液冷，功耗同比降低 10% 以上，数据中心年均 PUE 不高于 1.09（含电气损耗）。2020 年，该数据中心获得由中国信息通信研究院、工业和信息化部新闻宣传中心、ODCC 和绿色网格标准推进委员会（TGGC）联合颁发的"数据中心绿色等级评估"5A 荣誉。阿里巴巴浙江云计算仁和液冷数据中心获得"数据中心绿色等级评估 AAAAA"如图 2-21 所示。

图 2-21　阿里巴巴浙江云计算仁和液冷数据中心获得"数据中心绿色等级评估 AAAAA"

资料来源：ODCC

4. 计算小型化技术

小体积、低功耗、轻重量的小型化设计成为重要的发展趋势，新型服务器计算能力提升和尺寸缩减，使人工智能不再依赖大型服务器机群，智能计算中心规模缩减实现质的突破。现有的人工智能系统要求使用大规模 GPU 集群，配合庞大的机柜和机房以增强计算能力，提升机器学习处理水平，但大规模硬件设备限制了人工智能技术的进一步发展和应用。现有的 CPU 或 GPU 云数据中心无法应对数据指数级增长的挑战，而计算小型化技术能够使智能计算、高性能计算等各类新型计算提高运算能力，减小设备尺寸。

人工智能与量子计算相结合，极大地提高了算力水平，是实现计算小型化的重要途径。当量子芯片中的量子比特达到一定数量时，算力水平将达到 AI 级，满足了人工智能的算力需求，实现了计算小型化的建设目标。智能算力小型化能够拓宽人工智能应用场景，使车载智能系统、无人机智能系统及 AlphaGo 等大型人工智能系统移动化成为可能，实现了高性能服务器普及，助力物联设备快速落地应用。与此同时，计算小型化能够支撑高能效、低时延的传感、计算、通信三合一融合体系架构，通过运算实用化，为智能计算创造新机遇，使智能计算中心获得新发展。边缘计算小型化边缘服务器系统的参考构架如图 2-22 所示。

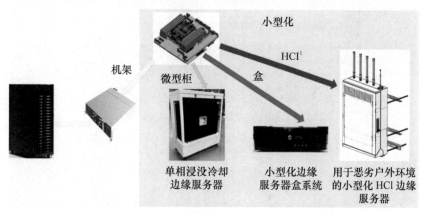

注：1. HCI（Human Computer Interaction，人机交互）。

图 2-22　边缘计算小型化边缘服务器系统的参考构架

资料来源：ODCC

2.3.2　技术趋势

智能计算中心的服务对象和工作模式有别于当前主流的超算中心和云数据中心，在技术特征上也与传统数据中心有所区别。

　1. 软硬件协同，打造全栈技术解决方案

随着智能计算需求的快速增长，适应人工智能算法特征的各类 AI 加速芯片层出不穷，各类 AI 加速芯片的设计方式和实现途径均有不同，这对 AI 芯片生产厂商和软件框架开发企业提出更高的要求，生产厂商和开发企业需要保证 AI 芯片与配套软件能够精准匹配，从而实现硬件潜力的充分释放和计算能力的全面提升。硬件与软件的协同设计能够最大限度地规避硬件在运行时存在的决策迟缓问题，提高 AI 芯片的性能和效率，实现 AI 专用算力与相应软件全栈一体化发展。

以百度为例，智能云推出云智一体的 AI 开发全栈模式，建立起从自研芯片、集群、框架、算法到应用的一系列 AI 能力组合，支持业界 7 种主流深度学习框架、100 多种深度学习网络、15 种 AI 芯片，尤其适配多种主流国产 CPU、FPGA、ASIC[1]。百度智能云的云智一体 AI 开发全栈模式如图 2-23 所示。

1　ASIC（Application Specific Intergrated Unit，专用集成电路）。

智能应用	工业	能源	金融	互联网	智能硬件	零售
AI 开发平台	零门槛 AI 开发平台 EasyDL			全功能 AI 开发平台 BML		
	数据处理	模型训练		模型管理	模型部署	
AI 开发框架	PaddlePaddle、TensorFlow、PyTorch 等主流深度学习和机器学习开发框架					
AI 容器	CCE[1]+AI 优化					
	GPU 调度	AI 作业调度	弹性训练		AI 加速引擎	
	集群管理	容器网络	容器存储		镜像仓库	
AI 存储	对象存储 BOS+AI 加速					
	数据上云	对象存储 BOS[2]	高速缓存		智能处理	
AI 计算	百度太行高性能计算实例					
	X-MAN	RDMA[3]	GPU	百度昆仑	InfiniBand[4]	

注：1. CCE（Cloud Container Engine，云容器引擎）。
　　2. BOS（Baidu Object Storage，百度对象存储）。
　　3. RDMA（Remote Direct Memory Access，远程直接存储访问）。
　　4. InfiniBand 是无限带宽技术。

图 2-23　百度智能云的云智一体 AI 开发全栈模式

资料来源：2021 云智技术论坛

阿里云自研震旦异构计算加速平台，适配 GPU、ASIC 等多种异构 AI 芯片，支持 TensorFlow、Caffe 等多种深度学习框架，实现机器学习模型的全栈自动优化。震旦异构计算加速平台 MLPerf™测试结果如图 2-24 所示。

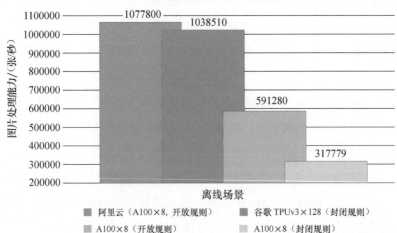

图 2-24　震旦异构计算加速平台 MLPerf™测试结果

资料来源：阿里云基础设施

华为发布的 GPU Turbo 是一种软硬件协同的图形加速技术，打通 EMUI[1] 操作系统及 GPU 和 CPU 之间的处理瓶颈，在系统底层对传统的图形处理框架进行了重构，实现了软硬件协同，提高了手机 GPU 性能，图形处理效率提高 60%。智能计算中心实现了从芯片到应用层的基础软硬件的全栈融合，基于昇腾 AI 全栈基础软硬件平台，异构计算架构 CANN 管理基础硬件，向上支撑昇思 MindSpore AI 框架及 TensorFlow 等的 AI 框架。单线程 GPU Turbo 技术对比如图 2-25 所示。

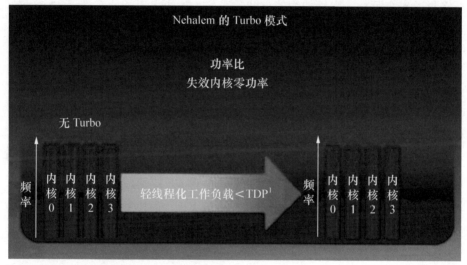

注：1. TDP（Thermal Design Power，热设计功耗）。

图 2-25　单线程 GPU Turbo 技术对比

资料来源：华为

2. 技术融合，增强新型应用场景计算需求

高性能计算、云计算等先进技术融入人工智能算法、系统和服务，扩展人工智能应用场景，提升计算能力，满足复杂多样的新型应用场景计算需求。随着高性能计算与人工智能融合持续深化，智能算力建设越来越多地赋能高性能计算系统。人工智能基于超算系统提供的超级算力极大地提高了大型神经网络的训练效率和训练精度。与此同时，先进超算系统所需的算力绝大多数来自异构加速芯片和智能芯片，而量子计算等新型计算技术的出现，为高性能计算与 AI 融合发展提供了更多方案。大多数 AI 算法的实现需要大量数据和强大的算力，"AI+云计算"

1　EMUI（Emotion UI）是华为基于安卓开发的情感化操作系统。

是大势所趋。

我国头部企业正在积极探索云与人工智能融合的解决方案，华为、百度、阿里云、腾讯等大型云厂商推出智能云服务。随着5G时代的到来，"AI+云计算"融合应用场景更加多样。强运算力、海量存储的发展，车联网、工业互联网等物联网场景加速深化，推动AI与云计算、大数据、物联网、边缘计算、高性能计算等先进技术融合应用，使智能计算中心能够面向新型应用场景，提供复杂多样、安全可靠、弹性伸缩的自助式服务，加快人工智能在"云、边、端"全场景应用的深度和广度。

3. 架构领先，赋能智能算力生态架构

AI模型训练和推理过程需要强大的算力支撑，人工智能计算以AI加速芯片为核心，构建以"CPU+AI芯片"为主体的AI服务器架构，组建AI计算集群和智能算力融合平台，使智能计算中心生态成熟和架构领先。AI加速芯片针对深度学习计算大量矩阵乘加运算的特点，引入矩阵运算的加速设计。多个AI加速芯片协同处理，有效提升AI服务器的计算能力，AI服务器之间可以采用大带宽、低时延的网络实现高速通信，完成更大规模的模型训练任务。同时，随着容器等新技术的发展，基于容器的资源调度策略，可以实现资源高效利用和资源实时释放。

构建算力、数据和算法的融合平台。智能计算中心以融合架构计算系统为平台，以数据为资源，以强大算力驱动AI模型对数据进行深度加工，使算力、数据、算法3个基本要素成为一个有机的整体和融合的平台。智能计算中心为AI算法的研发提供大规模数据处理能力，也为AI产业应用提供充足的计算资源，可以全面支撑各类人工智能技术的应用和演进。

计算生态成熟。智能计算中心基于AI模型提供高强度的数据处理能力、智能计算能力，集成先进的智能软件系统和智能计算编程框架，实现云端一体化，形成技术领先、可持续发展的高性能、高可靠计算架构。智能计算中心的核心计算单元采用先进的AI芯片，面向新型人工智能应用场景，采用异构计算，大幅提升算力的使用效率和算法的迭代效率。同时，智能计算中心可集成生态成熟的智能软件系统和智能计算编程框架，便于不断迭代升级。总体而言，从硬件到软件，生态体系处于不断完善之中。

2.4　建设局限

2.4.1　算法待统一

多样化的训练、推理框架可以进一步创新人工智能算法，不同 AI 加速芯片的算法在算子匹配、算子开发等方面不同，对此尚未形成统一的解决方案。

1. 芯片适配能力有限

算法适配专有化程度高，不同 AI 加速芯片适配技术繁杂多样。随着华为、寒武纪等开发的 10 余种自主化 AI 加速芯片的推出，人工智能算法在多种 AI 加速芯片上的应用需求越来越高。由于人工智能算法在加速卡上使用时需要针对加速卡做专有化的算法适配，所以一个人工智能算法需要进行多次适配。虽然各大厂商都在与人工智能算法适配相关的技术研发上投入了大量研发精力，但不同的自主 AI 加速芯片的算法适配在算子匹配、算子开发等方面有特殊要求，针对算法和多种加速卡连通的适配标准尚需加强。

同时，异构算力硬件差异明显，在 GPU 上，人工智能算法在移植适配过程中存在精度下降、算子适配度低、移植适配后 GPU 性能和运行差距较大等问题。异构 AI 芯片生态的不断完善与丰富使整体软硬件技术趋于成熟，异构算力硬件有功耗极低、形态多样、支持多模态数据、算力强劲、成本较低等优点，使异构算力成为智能计算中心的主要算力单元。尽管如此，现有异构算力硬件之间仍存在较大差异，在 GPU 上训练的算法无法直接在异构算力上运行。因此，需要将 GPU 上的算法向自主 AI 芯片进行移植适配，而移植适配过程中，存在算法移植后精度下降、部分算子不支持、算法移植适配后性能不理想等诸多问题。算法移植适配后，算法性能和运行在 GPU 上也可能存在一定差距，需要进行性能优化，充分发挥异构算力独有的优势，保证在智能计算中心内，各个 AI 加速芯片在算法和模型方面的性能最大化。

2. 异构算力框架适配不足

异构算力框架适配技术的管理能力较为薄弱，各异构算力厂商对不同框架的适配支持能力有待提升。随着深度学习技术的发展成熟，越来越多的训练框架不断涌现。PaddlePaddle、MegEngine、MindSpore、OneFlow 等我国自主研发的深度学习训练框架相继开源，配合自主异构算力提供方的指定硬件，在速度和成本等多个维度上展现出独特优势。

目前，企业对异构算力训练框架适配技术的管理还比较薄弱，各异构算力厂商对不同框架的适配支持能力缺乏相关标准和规范，这对深度学习训练框架在异构算力上的适配和规范化发展带来不利影响。随着越来越多训练框架的出现，推理框架迭代速度持续加快，英伟达的 TensorRT 和英特尔的 OpenVINO 是硬件厂商针对自己特定硬件的推理框架；MNN、NCNN 是支持多种硬件的端侧推理框架；华为端侧的推理框架 MindSpore Lite 也支持大部分业界主流的模型，但是现有推理框架难以满足既支持 ARM CPU、Mali GPU 等端侧通用硬件，又支持自主硬件。算法及模型的异构算力框架适配能力仍有待增强。

2.4.2 能源消耗巨大

智能计算中心需要运行大规模人工智能算力，算力能耗总量和由此产生的碳排放量非常巨大，能源消耗成为智能计算应用重点考虑的因素。

1. 模型训练推理能耗快速增长

能耗的快速增长在很大程度上是因为大规模 AI 模型训练数量的快速增长，以及模型单次运行需要消耗能源的增长。数据显示，OpenAI 发布的新型人工智能语言生成系统 GPT-3 完成一次运行所产生的碳排放量相当于一辆车行驶 70 万千米所产生的碳排放量。Strubell 的研究团队通过对单个深度学习模型的训练过程进行测算，发现碳排放量超过 62 万磅（约为 28 万千克），相当于 26 个人 1 年的二氧化碳排放量。而英伟达表示，训练过程消耗的能量在整个神经网络中仅占很小的部分，80%～90% 的能量消耗发生在推理过程中。因此，AI 模型应用场景的不断拓展和模型参数的不断增多，将会消耗巨大能量。

2. 电源使用效率要求持续收紧

数据中心总用电量大幅增长，对智能计算中心电源使用效率的优化提出更高要求。ODCC 发布的数据显示，全国超大型数据中心的平均运行 PUE 为 1.46，大型数据中心的平均运行 PUE 为 1.55；超大型、大型数据中心的平均设计 PUE 分别为 1.36、1.39，但节能改造与建设的边际效益正在不断降低，部分传统数据中心的负载率不高、绿色管理不到位。提高设备使用效率，加快推进节能减排和能耗优化，成为智能计算中心亟须解决的问题。大型及超大型数据中心的平均运行 PUE 情况如图 2-26 所示。

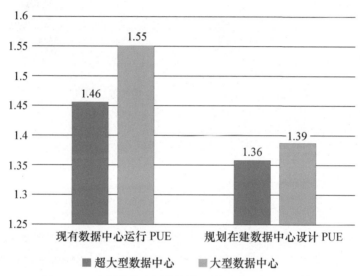

图 2-26 大型及超大型数据中心的平均运行 PUE 情况

资料来源：ODCC

3. 技术升级使碳排放量面临挑战

虽然算力基础设施将助力传统行业释放节能潜力，但是未来人工智能等更高密度数字技术的普及将带来能耗与碳排放挑战。ODCC 测算数据显示，2020 年我国数据中心能耗总量为 939 亿千瓦时，碳排放量为 6464 万吨。预计到 2030 年，我国数据中心能耗总量达到 3800 亿千瓦时，碳排放增长率超过 300%，碳排放总量突破 2 亿吨，占全国总碳排放量的 2%。碳利用效率（Carbon Use Efficiency，CUE）是指数据中心二氧化碳排放总量与 IT 负载能耗的比值，是"双碳"背景下数据中心运营中的量化碳排放指标。"双碳"背景下，CUE 正在成为衡量碳排放的重要指标，加快可再生能源应用是算力基础设施实现碳中和的重要途径。我国数据中心能耗总量及碳排放量如图 2-27 所示。

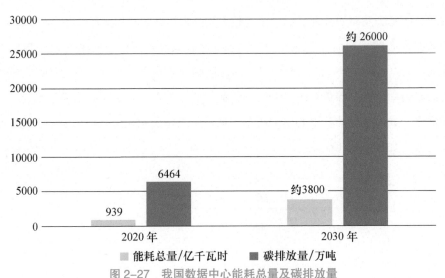

图 2-27　我国数据中心能耗总量及碳排放量

资料来源：ODCC

2.4.3　核心技术受限

1. 研发实力相对落后

AI 芯片是智能计算的重要依托。尽管我国芯片企业技术水平快速提升，华为、阿里巴巴、寒武纪等企业的 AI 芯片研究取得明显进展，但整体水平仍存在较大的提升空间。我国 AI 应用使用的芯片中，95% 以上来自英伟达、AMD 等国际芯片头部企业。在 GPU 方面，腾讯云、阿里云、平安云、百度云等国内计算平台主要依托英伟达的 GPU 提供技术支撑；FPGA 主要来自赛灵思、英特尔、莱迪思、美高森美四大头部企业；国产 ASIC 主要包括神经网络处理器（Neural-Network Processing Unit，NPU）、大脑处理器（Brain Processing Unit，BPU）等架构。

2. 软件生态相对薄弱

国产软件生态相对薄弱，自研 AI 框架、操作系统、数据库、中间件应用较少，尚未成为主流。TensorFlow、PyTorch 等国外深度学习框架占据较大份额，国产 PaddlePaddle、MindSpore 等自研软件框架尚未被广泛应用。另外，国内厂商在操作系统、中间件等与智能计算中心配套的软件方面，也存在一定的不足。

第三章
智能计算中心异构计算

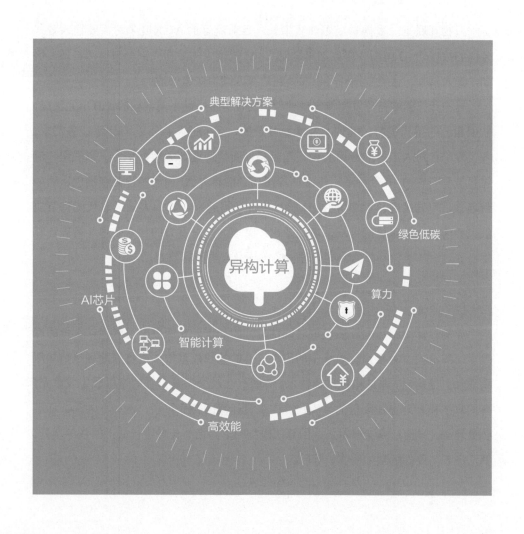

3.1 异构计算的作用

3.1.1 增强计算效力

万物互联下，数据量呈爆炸式增长。目前流行的 AI 深度学习需要输入各式各样的数据使 AI 模型变得更加"聪明"。AI 模型中的数据大部分来自端设备，例如，无人驾驶，这类数据同时也需要在边缘或端侧快速处理。

异构计算能够充分发挥特定硬件架构的优势，通过不同架构的计算单元集成，获取相应的架构优势，并使其能满足复杂的、多元的数据形态与计算任务需求。各类专门针对人工智能应用的设计理念和创新架构逐渐成型，华为、寒武纪、燧原科技等研发的 10 余种适用于不同应用场景的新兴 AI 加速芯片持续涌现，而如何高效、可靠地将这些多元化 AI 芯片集合利用起来，成为大数据时代亟待解决的核心问题。针对这些挑战，多元异构计算成为具有潜力的核心技术。智能计算中心通过对各类异构算力协同处理使之发挥最大的计算效力。

3.1.2 适配算法模型

异构计算能够适配算法模型对硬件特性的需求。在深度学习时代，大量的深度学习算法模型对架构有着特定的需求。有的算法模型依赖于特殊的稀疏数据压缩算法、结构化 / 非结构化稀疏技术；有的算法模型需要大量的随机数生成单元；有的算法模型则存在大量的、大尺寸的张量计算的特殊算子，例如，卷积、标准化处理等。异构计算能够对复杂的算法模型的不同细节任务进行恰当的任务切分。算法框架与硬件解耦如图 3-1 所示。

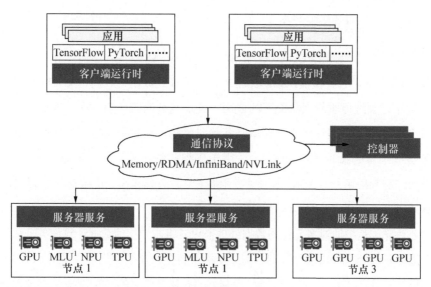

注：1. MLU（Machine Learning Unit，机器学习处理器）。

图 3-1 算法框架与硬件解耦

资料来源：中国电信

3.1.3 提升资源效率

随着计算机硬件技术的发展，各类 AI 加速芯片、设备不断涌现，满足各类上层应用对计算资源、计算能力的多样化需求。智能计算中心通过计算资源池化，简化算力调用过程，方便用户对大规模集群内的计算资源进行有效利用，用户不需要关注异构计算设备的种类便可直接使用计算资源。算力池化主要包括算力虚拟化和应用容器化。算力虚拟化的核心是向用户直接提供算力，避免用户在申请、使用算力的过程中，关注集群内设备的分布、类别、性能等。异构算力的组合应用有助于提升整体应用效率。

3.2 异构计算维度划分

异构计算是指在完成一个计算任务时，采用一种以上的硬件计算单元、互联协议、差异化架构、软件接口等，呈现硬件、互联、系统、架构、软件等多方面"异构"的特性。

3.2.1　AI 加速芯片

AI 加速芯片包括 CPU、GPU、DSP[1]、FPGA、ASIC 等，智能计算中心需要支持各类 AI 加速芯片，覆盖从训练到推理，从边缘到数据中心的各类 AI 应用场景。CPU 适用于更好地响应人机交互的应用、处理复杂的条件和分支，以及任务之间的同步协调。GPU 在深度学习领域具备绝对优势，拥有更快的处理速度、更少的服务器投入和更低的功耗。FPGA 适用于压缩和解压缩、图片加速、网络加速、金融加速等应用场景。ASIC 是一种专用芯片，具有体积小、功耗低、计算性能高、计算效率高、芯片出货量越大成本越低等优势。

芯片异构是指针对多元化的数据处理需求，将差异化的数据计算任务分派给最为合适的芯片处理模块进行处理。例如，标量数据与非结构化数据采用 CPU 处理，而向量数据采用 GPU 进行加速计算；张量数据在深度学习的 NPU 芯片中能够起到很好的加速效果；而稀疏结构的数据则可以采用 FPGA 进行定制化加速。合适的任务分派机制能够充分利用异构计算环境的不同芯片处理单元的优势进行针对性的优化。

3.2.2　算力适配层

算力适配层是连接上层算法应用与底层异构算力设备的核心软件系统，是驱动异构算力硬件工作的核心软件栈。异构算力适配层通常是指一套连接算法模型、硬件平台、操作系统和运行环境等维度的核心软件栈。异构算力适配层对上呈现可扩展的应用程序接口或者计算框架，以支持持续演进的算法模型，既有应用领域（例如，自然语言处理、图像识别、强化学习）的横向扩展，也有单一领域的纵向迭代。异构算力适配层对下将应用负载中可加速的部分转换到各厂商提供的专用异构加速硬件平台上执行，GPU、DSA[2]、FPGA、IPU[3]、DPU[4] 等硬件加速能力和编程方式各不相同。异构算力适配层还需要支撑加速能力在不同的操作系统和运行环境中迁移，并满足云端训练、边缘推理、超算中心的差异性需求。算法模型、硬件平台、操作系统和运行环境 4 个维度的多样

1　DSP（Digital Signal Processor，数字信号处理器）。

2　DSA（Distributed Switch Architecture，分布式交换体系结构）。

3　IPU（Infrastructure Processing Unit，基础设施处理器）。

4　DPU（Data Processing Unit，数据处理器）。

性和正交性使异构算力适配层在异构算力的应用推广上起到至关重要的作用，因此，异构算力适配层设计要求高，实现难度大。

3.2.3 算力调度网络

算力调度网络是指智能计算中心内部网络，即异构算力能够在计算节点间灵活调度。调度网络架构需要满足高性能和高可扩展性，形成标准化和系统化的设计方案。高性能和高可扩展性能够通过整体设计保障服务器、集群和相应的网络建设一致性，提供高算力密度，超高性能设备和超大存储设备之间的互联互通，确保集群架构的算力、带宽、存储可以高线性度扩展。标准化和系统化的设计方案可保障组成部分能够适配兼容和高效互联，计算、存储、网络、管理各个组成部分均可灵活扩展，并且集群预装的深度学习框架和管理软件也可以持续运维升级。

3.2.4 算力管理

算力管理是指在技术和运营层面实现算力统一管理和智能运营，实现异构算力安全可靠。在异构算力管理上，智能计算中心拥有自己的操作平台，集成并管理异构硬件设备，承载各类上层应用与服务，最终形成一个完整的操作系统。在管理异构算力时，一方面，要从技术角度解决异构算力的管理问题，为算力适配过程中的数据处理、模型构建、模型部署、支撑服务提供统一管理；另一方面，要从运营层面构建匹配异构算力资源特点的分配机制与流程，实现异构硬件和算力资源的统一管理，为用户提供安全、开放的共享环境。与此同时，智能计算中心需要能够为用户提供稳定、多样的可执行环境。因此，在进行算力管理时，应当为用户数据提供一个可信的计算环境及安全的运营环境。

3.3 异构计算解决方案

3.3.1 解决方案概述

异构计算需要考虑异构系统计算任务的运行调度，支撑 AI 模型训练策略，并将其应用于计算任务管理、能耗优化和各类数据处理。

在 AI 模型训练方面，模型训练是异构计算在整个训练流程中最有优势的部分。GPU、TPU 和其他 ASIC 都能在训练过程中发挥作用。我们需要重点关注计算机视觉、自然语言处理和语音、推荐系统及其他算法模型。计算机视觉算法模型主要包括 AlexNet、ResNet 50 v1.5/v2、ResNet 101 v2、Inception v2/v3、VGG16、MobileNet v2、ResNet 18、Faster R-CNN、Yolo v2/v3/v4、Mask R-CNN、MTCNN、SphereFace、Unet、SRGAN 等。自然语言处理和语音算法模型包括 Transformer、BERT-Base、BERT-Large、GNMT v2、DeepSpeech v2 等。推荐系统包括 DLRM、Deep Interest、Wide & Deep 等。其他算法模型包括图神经网络、生成式网络等。

AI 算法解决方案包括计算任务的切分、计算任务的分布式计算、异构系统的能量优化和能耗比优化。在实际应用过程中，异构计算不同于传统的大数据应用，AI 应用的数据不仅包括结构化数据，还包括大量的非结构化数据，例如，图片、视频、声音、文本等。

3.3.2　AI 模型训练方案

1. 计算机视觉

计算机视觉是使用计算机模仿人类视觉系统，让计算机拥有类似人类的提取、处理、理解和分析图像及图像序列的能力，主要包括图像分类、对象检测、目标跟踪、语义分割和实例分割。

计算机视觉的早期应用场景以安防、金融、互联网等行业为主，后期逐步拓展到城市治理、楼宇园区、交通管理、医疗影像等领域。目前，安防场景下的人脸比对、静态人脸识别、图像内容审核相对成熟，新零售场景下的智能货柜、商品识别、商品稽核、工业质检开始进入生产环境，视频结构化、视频分析、自动驾驶等应用正在孵化。

2. 自然语言处理

自然语言处理（Natural Language Processing，NLP）是指利用人类交流使用的自然语言与机器进行交互通信的技术。按照实现方式不同，NLP 技术主要分为阅读理解、语音语义问答、机器翻译和搜索 4 种。

NLP 技术在互联网和金融行业被广泛应用，例如，基于阅读理解能力的文本审核、基于语音语义问答的电商或金融客服、基于搜索能力的搜索引擎等；而其他行业以阅读理解能力应用为主，例如，教育行业的机器阅卷、医疗行业的电子医生、媒体行业的舆情监控、法律行业的辅助判案等。NLP 技术主要应用场景如图 3-2 所示。

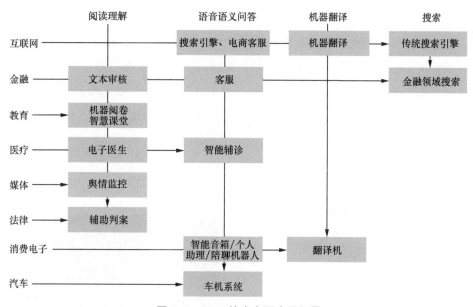

图 3-2　NLP 技术主要应用场景

资料来源: 燧原科技

3.4　异构计算行业应用

行业应用方面，异构计算主要应用于智能计算中心，能够有效推进以"城市大脑"为核心的智慧城市建设，打造智慧园区的一体化解决方案，形成解决政务特定场景的智慧政务解决方案，提供以计算机视觉、智能语音为技术支撑的智慧交通场景应用，打造云边一体的工业视觉检测处理平台，以强大的智能算力赋能科研工作协作和项目创新管理，以高速度、高精度、大数据量处理能力赋能证券行业智慧化和业务创新。

3.4.1 智慧城市

城市化进程不断加快，给城市经济、资源利用、生活质量、时间成本等带来不同程度的影响。基于智能计算中心的智慧城市建设，通过提供多算法融合调度、大数据规范处理、多场景应用服务能力开放，助力构建智慧城市应用，实现视频结构化、人车大数据等功能，促进城市智能经济发展，实现城市加速融合和一体化发展。

1. 城市"超级大脑"视频解析

基于腾讯云智天枢平台的城市"超级大脑"视频解析，是智慧城市建设的有效解决方案，适用于智慧城市、"城市大脑"、公安"雪亮工程"等项目场景，提供多算法融合调度、应用服务、应用程序接口开放功能，满足视频结构化、城市公安/交通治理、视频大数据分析等应用需求。公安"雪亮工程"解决方案如图3-3所示，城市交通治理解决方案如图3-4所示，城市"超级大脑"解决方案如图3-5所示。

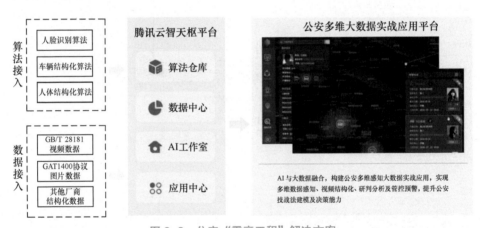

图3-3 公安"雪亮工程"解决方案

资料来源：腾讯

2. "城市大脑" AI 计算中心

北京某中心城区在建设"城市大脑"时，存在3个方面的痛点：人工智能算法应用场景分散，算法和应用绑定，无法实现能力共享；AI算法静止，缺乏学习演进能力，应用效果有限；该城区作为科创中心区，缺少高效的AI产业应用和孵化平台，无法有效提升城区AI科技发展。

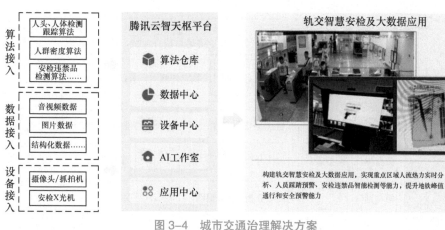

图 3-4　城市交通治理解决方案

资料来源：腾讯

图 3-5　城市"超级大脑"解决方案

资料来源：腾讯

百度依托百度城市 AI 计算中心，为该城区搭建了"城市大脑"AI 计算中心。"城市大脑"AI 计算中心由算力平台、算法平台和运营服务平台 3 个部分构成，实现了统一 AI 赋能的目标。"城市大脑"AI 计算中心如图 3-6 所示。

"城市大脑"AI 计算中心为城市治理领域中的 20 多个场景提供了 120 多个智能化模型分析服务；实现对英伟达、寒武纪、算能科技等多个厂商 AI 芯片的算力纳管，提升算力资源利用率；初步搭建了国产"AI 芯片 + 百度飞桨（PaddlePaddle）"的 AI 国产化体系，助力区域 AI 科技发展，促进区域智能经济发展。

"城市大脑"AI 计算中心具有 5 个重要意义。

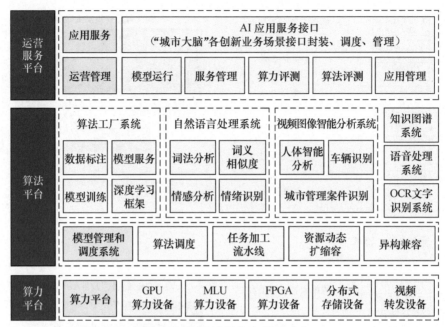

图 3-6 "城市大脑" AI 计算中心

资料来源：百度

一是打造了国产化自主可控的 AI 架构体系。该项目基于百度飞桨深度学习平台进行构建，实现从底层到应用的自主可控。

二是践行了开放兼容的设计理念。"城市大脑" AI 计算中心兼容多个厂商 AI 算法，能够对同一场景下多算法的准入、效果进行管理，帮助用户比较和选择最优的算法，实现 AI 算法按照效果付费。

三是带动了区域人工智能产业的发展。该项目通过开放的训练识别一体化平台、统一数据和算法分析结果标准，为区域内其他中小企业提供了涵盖数据标注、算法开发、测试、运行管理的一体化平台。通过场景开放，该项目吸引了更多中小企业加入 AI 价值创造活动中。

四是实现了城市治理领域的算法能力共享和业务协同。"城市大脑" AI 计算中心能够实时、精准地对城市治理领域的各类场景进行支撑，同时实现 AI 能力复用、数据共享、城市治理业务协同的目标。

五是具有很高的推广价值。"城市大脑" AI 计算中心采用领先的自主可控、开放兼容的技术架构，具有强大的 AI 赋能能力，能够充分适应我国智慧城市建设现状，满足应用智能化共性需求。

"城市大脑"AI 计算中心是一个依赖先进 AI 设备高效运转的算力和算法平台，统一对该城区"城市大脑"接入的视频、图片、语音、文本等数据进行智能化分析处理，为"城市大脑"提供智能化分析服务，提高交通治理、城市管理、公共安全、生态环境、消防安全、社会保障等领域业务的快速反应能力和政务高效协同，运用人工智能提高公共服务和社会治理水平。

"城市大脑"AI 计算中心的视频分析业务服务器 70% 以上由算能科技与百度联合提供。服务器采用 SS-5416C3 人工智能一体机，由算能科技的算力设备、百度飞桨深度学习平台，以及百度领先的视频分析算法三者融合而成。单机搭载 16 张算丰（Sophon）SC3 人工智能计算卡，近 1100 路视频结构化的处理需求，支持人体智能分析、人脸识别、车辆智能分析和城市管理案件、工地违规行为、火灾等智能识别。算能科技的计算设备如图 3-7 所示。

图 3-7 算能科技的计算设备

资料来源：算能科技

"城市大脑"AI 计算中心可实现全自主开放。算能全系列的 AI 产品支持百度飞桨深度学习平台，是首批该平台的合作伙伴之一。同时，"城市大脑"AI 计算中心采用深度定制产品方案，定制可加载数十种算法模型的智能一体机，实现多卡协同，提升单机算力性能和计算密度。AI 计算中心采用全 FP32 浮点高精度算力保证高精度和高准确率。

3. 福州长乐 AI 算力中心

AI 算力中心作为新型智慧城市运营治理环境下的"新基建"信息化基础设施，对算力海量化处理能力、先进性、可靠性、开放性、自主可控程度等均有较高要求。算能科技以完全自主知识产权的 AI 系列产品助力国内各城市、区、县的新型基础设施建设，其建设理念和设备性能均位居国内前列。

福州长乐 AI 算力中心部署算能科技的 TPU 服务器和通用 x86 服务器等异构

硬件，使用多种国内主流算法，依托自主知识产权的软件平台成功实现多硬件、多算法的管理和调用，对 500 路人脸视频和 700 路普通高清视频进行结构化分析，依托大数据技术中潜在的关系和价值，为公安等部门的实战应用提供基础数据支撑，保证目标的全结构化、实时分析和高效比对，让犯罪分子无处遁形。福州长乐 AI 算力中心如图 3-8 所示。

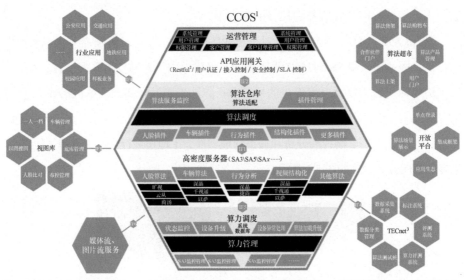

注：1. CCOS（Computing Center Operating System，计算中心操作系统），这里指算能科技自研的AI算力云中台。
2. Restful一般是指系统的HTTP接口设计遵循了REST规范。
3. TECnet是指人工智能算法/算力评测系统。

图 3-8　福州长乐 AI 算力中心

资料来源：算能科技

4. 腾讯长三角人工智能超算中心

腾讯长三角人工智能超算中心是腾讯与上海市松江区战略合作的重要落地，它能形成每秒 1.1 亿亿次浮点运算的算力，集聚超过 100 家人工智能企业。推动上海乃至华东地区 AI 产业发展。

腾讯长三角人工智能超算中心总体上可提供 80 万个 GPU 或同等 AI 处理芯片的计算能力，实际算力相当于每秒 1.1 亿亿次浮点运算，可以同时支持上百个大规模 AI 模型的计算需求；承担各种大规模 AI 算法计算、机器学习、图像处理、科学计算和工程计算任务，并以强大的数据处理和存储能力为长三角地区提供云计算服务，助力上海市松江区政府数字化智慧升级，设计好"一网通办、一网统管"的数字政府 AI 中台和生态。

腾讯长三角人工智能超算中心将成为上海市松江区数字经济发展的基石，在处理海量信息的同时提供强大的动能，全场景助推数字化建设，使政府、企业和公众全面迈入智能时代。例如，智能政务大厅可实现政府多部门实时联动，提高办事效率；超级算力帮扶中小微企业提升科技场景开发能力；智慧交通系统实时数据解决交通拥堵问题。

5. 城市智慧安防

《中华人民共和国国民经济和社会发展第十四个五年规划和 2035 年远景目标纲要》强调，要加快数字化发展、建设"数字中国"，并围绕加快数字社会建设步伐、提高数字政府建设水平等部署了重点任务。当前，新型智慧城市纷纷推进 AI 计算中台、视频管理中台、大数据中台等共性技术能力支撑平台建设，构建了技术领先、统一支撑、服务共享的智慧化数字底座，形成涵盖数据采集、接入管理、AI 算力集群、存储管理、容器管理的支撑体系，借助人工智能手段实现对城市运行综合状况的全面感知、全域可算、全域可控。

围绕未来城市治理核心体系，聚焦技术与城市运行中各元素的深度融合，面向智慧公安、应急、城管、交通、政务和教育等多个领域，百度提供了涵盖规划设计、系统建设、运营保障等环节的全流程服务，满足各级政府在精准分析、科学决策和专业管理方面的需求。

在智慧安防领域，多个城市基于百度 AI 和大数据技术能力构建了治安防控圈系统，对重点区域、重要出入口等监控点位的人员及车辆进行全方位、全覆盖的智能采集，基于采集数据进行实时比对、分析及预警，并根据结构化数据形成一脸一档、一车一档、标签库等，做到"人过留像、车过留牌、留特征、留轨迹"。

治安防控圈系统可以对人脸、车牌、媒体访问控制（Media Access Control，MAC）、射频识别（Radio Frequency Identification，RFID）等数据进行多维融合碰撞及聚类，支持亿级以上的一脸一档归档，秒级布控人员预警，可以有效应用于多种实战场景。治安防控圈系统可以帮助公安人员从"人海战术"中解放出来，并且可以极大地提升城市安全防范水平，从而达到威慑犯罪、惩治罪犯、维护社会稳定、保障民众安全的目的。智慧安防技术架构如图3-9所示。

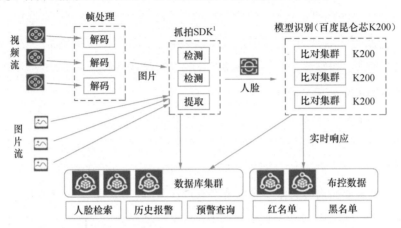

注：1. SDK（Softwake Development Kit，软件开发工具包）。

图3-9　智慧安防技术架构

资料来源：百度

3.4.2　智慧园区

传统园区存在物业管理手段落后、车辆通行管控困难、系统无法统一管理等问题。基于智能计算中心打造的智慧园区一体化解决方案，可充分利用智能计算中心的算力资源、结构化存储数字化设备产生的大量数据，高效、高质地推动园区智慧化转型。

智慧园区采用智能视频管理方案，提供智能设备管理、AI智能分析与服务等功能，助力智慧园区应用，提高监管效率与生活便捷性。该方案适用于智慧楼宇、园区、公共场所等场景，满足客户智能安防监控及智能分析管理的需求，包括人脸门禁、危险人员告警、VIP识别通知、禁区检测、人流统计、客群画像等。园区智能监控解决方案如图3-10所示，园区智慧物业管理解决方案如图3-11所示。

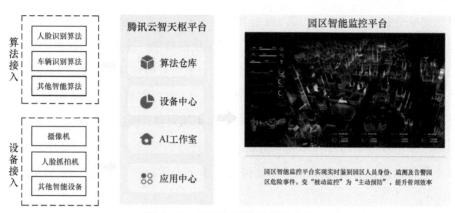

图 3-10　园区智能监控解决方案

资料来源：腾讯

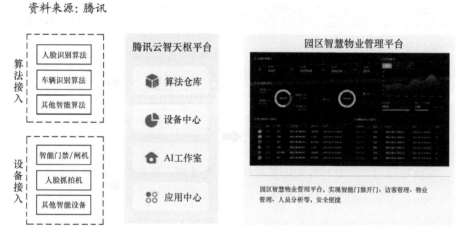

图 3-11　园区智慧物业管理解决方案

资料来源：腾讯

3.4.3　智慧政务

智慧政务 AI 解决方案对业务逻辑进行整理分析，应用于违章停车视频分析、占道经营视频分析等特定政务场景，可以与市直部门的应用设备进行快速对接，满足市直部门的业务需求。

智慧政务 AI 解决方案支持视频图像中人脸和人体跟踪模型导入、智能摄像机的添加和管理、智能分析模板编排、双向人流量计数、人流量统计结果呈现等功能。为实现以上功能，AI 资产仓库的政务应用 AI 能力中心需要提供人脸和人体跟踪模型、双向人流量计数模型；AI 支撑平台的推理及服务子平台的设备中心进行智能摄像机的添加和管理，推理及服务子平台的算法仓库进行模型导入，推理及服务子平台的 AI 工作室进行智能分析模板的编排。政务应用 AI 能力中心和 AI 支撑平台的推理及服务子平台共同支撑综合政务应用场景的实现。

通过对业务逻辑的整理分析，智慧政务 AI 解决方案可以形成解决特定场景问题的套件，实现与政务应用进行开箱即用的对接，快速响应各类业务需求，例如，城管业务中违章停车视频分析、占道经营视频分析等，可快速与前端摄像头进行对接，并且将事件结构化信息传递至应用系统。智慧政务 AI 能力见表 3-1。

表 3-1　智慧政务 AI 能力

功能	功能描述
视频联网网关	视频管理中心针对视频设备的接入管理，视频联网网关基于 GB/T 28181 标准实现平台间的信令控制、信令交互、视频流转码及分发
AI 视频分析模型	多种面向场景的视频分析算法集合

资料来源：腾讯

1. 视频联网网关

视频管理中心负责对视频设备进行接入与管理。视频联网网关基于国家标准实现平台间的信令控制、信令交互、视频流转码及分发，还可接入上级或下级符合国家标准的监控设备或监控平台。视频联网网关能够提供基于国家标准视频流向 RTSP[1] 视频流转换、基于国家标准协议离线视频向标准离线视频文件转换、设备信息和状态向推理及服务子平台规定的设备信息和状态转换等服务。

2. 餐饮店出店占道经营及摆摊做买卖人员占道经营识别

智慧政务 AI 解决方案利用计算机视觉相关技术，对接入的实时视频流进行图像解析，自动识别监控区域内是否存在餐饮店出店占道经营行为，提升城管部门的监管效率。

截取视频流中一帧清晰的图片作为输出参数传递给算法，算法优先识别图片中是否有圆形餐桌或方形餐桌、餐凳、人员停留、推车、占道物品、箱子等特征，如果符合占道经营的特征，则会生成警告信息，作为结果输出。

1　RTSP（Real Time Streaming Protocol，实时流协议）。

3. 双向人流量统计

智慧政务 AI 解决方案利用计算机视觉技术，对接入的实时视频流进行图像解析，自动识别监控区域内人头、人体，对连续的图像帧进行识别，判断人体行走方向，对通过指定范围的人流进行计数，同时统计进入区域及离开区域的双向人流数量。

使用人流计数算法，相关人员需要输入视频流地址、感兴趣区域（Region of Interesting，ROI）线坐标和解码帧率（可选），输出为当前帧的尺寸信息、所有人头坐标框、所有人体坐标框、进线人数和出线人数。其中，解码帧率默认为视频本身的每秒传输帧数（Frames Per Second，FPS），ROI 线支持多顶点的折线，可以自适应场景本身的形状和地理特征。

常规的人流计数算法主要以"特征提取 + 回归结构"对单向人流进行间接估算，或者通过"检测 + 跟踪"对单向人流进行直接估算。早期的人流计数算法对于密集人群或透视变化严重的场景效果较差，而近年来基于深度学习的人流计数算法对复杂场景的适应性更强，且能实现在 ROI 的双向人流的统计。

4. 人脸和人体跟踪检测

（1）人脸跟踪检测

人脸跟踪检测是指检测出视频中所有人脸对象所在的位置，从而监测行人运动轨迹的一项技术。人脸跟踪检测算法针对视频流场景，输入是从码流机输出的实时监控视频流或离线视频流地址和流标识（streamID）；输出是返回帧的场景大图信息（时间戳、图像数据、图像尺寸信息）和对应的多个人脸的坐标信息。其中，返回帧的频率可根据实时人流量、现场资源等实际情况进行调整。传统的人脸跟踪检测算法主要基于帧间差分法、区域连通性分析等图像处理方法，将运动物体从视频图像中提取出来，然后进行人脸识别。

（2）人体跟踪检测

人体跟踪检测是检测出视频中所有人体对象所在位置，从而监测行人运动轨迹的一项技术。人体跟踪检测算法针对视频流场景，输入是从码流机输出的实时监控视频流或离线视频流地址和 streamID，输出是返回帧的场景大图信息（时间戳、图像数据、图像尺寸信息）和对应的多个人体的坐标信息。其中，返回帧的频率可根据实时人流量、现场资源等实际情况进行调整。传统的人体跟踪检测算法主要基于帧间差分法、区域连通性分析等图像处理方法，将运动物体从视频图像中提取出来，然后进行人体识别。

5. 违章停车识别

违章停车识别通常采用高速球摄像机、云台摄像机，通过智能视频车辆检测、轨迹跟踪、车牌定位、触发控制和识别算法对视域内违法停车、违反禁令停车等行为自动识别，识别结果通常包括设备编号、抓拍位置、抓拍开始及结束时间、违章类型。

违章停车识别具有抓拍效率高、视域开阔的优点，但是视域中容易出现车辆干扰、多车同时存在等情况，根据不同需求和位置，抓拍图片有车头、车位等常见取证模式。高速球摄像机、云台摄像机大多采用普通安防设备，无专业补光设备，夜间成像效果较差。

部分违章停车识别中也有采用"固定式枪式摄像机＋智能识别算法"的方式，其识别规范性好，夜间可以补光，因此图像成像效果较好。但是该方式也存在可视范围和抓拍范围较小的问题。

摄像机有3种模式，一旦车辆被抓拍后，系统可通过抓拍机制控制摄像机，进行全景、近景、特写3个模式的抓拍取证。所拍摄图片中车辆号牌较为清晰、像素质量较高。抓拍取证图像中，车头、车尾都需要出现，多车、多牌情况比较普遍，对于二次识别算法的依赖度较高。

3.4.4 智慧交通

城市道路摄像监控每天会产生海量视频，结构化数据处理需求激增，要求识别出特定的人、车辆、物体或者事件，实现对关键目标的检测、跟踪和属性分析。与此同时，高速公路跨省界通行收费模式复杂，人工成本高，稽查效率低，特别是在高峰时段给出行带来极大不便。AI技术异构建设有效赋能智慧交通，实现智能识别和感知、便利运维、高效节约等交通场景应用。

1. 智慧监控

某市地铁1、2号线视频监控采用云存储方式，设置6000个视频监控点位和47台云存储集群服务器，视频存储周期达到90天。视频监控云存储方式能充分利用运营商标准机房资源、网络资源和供电资源，依托运营商机房的充足机柜空间，按需进行项目扩容，满足任意时间、任意规模扩容需求，有效利用运营商专业运维团队，保证云存储系统稳定、安全运行。

2. 高速公路智能小站

当前高速公路 ETC[1] 系统采用省内结算模式收费，车辆跨省界通行，先出本省收费站，完成本省高速路段收费，再在进入下一个省入口收费站时开始计费。车辆若跨越多个省份，则要通过多个主线收费站，完成多次出站、入站。高速公路管理部门采用基于昇腾处理器的 Atlas 500 智能小站，作为门架系统智能边缘计算底座，实现车道控制器功能，承载核心收费业务，安装计费软件登录客户端，处理 ETC 门架和收费站点的费率计算、实时收费和车牌识别收费准确率验证等业务。Atlas 500 智能小站提高了图片处理效率和准确率，能够实时过车、实时计费，替代人工收费、实现快速稽查，同时预留 AI 能力，未来可部署 AI 稽核方案，解决收费稽查难问题。高速公路智能解决方案如图 3-12 所示。

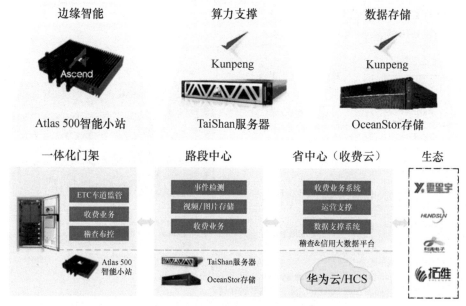

图 3-12　高速公路智慧解决方案

资料来源：华为

1　ETC（Electronic Toll Collection，电子不停车收费）。

3.4.5 智慧工业

智慧工业的发展解决了传统工业企业数据碎片化、设备碎片化、算法碎片化、算法成本高的问题，以智能计算中心为基础，建设"云、边、端"协同的智能化工业生产平台，实现生产设备的预测性维护、人工智能高精度机械设备代替人工、工业 AR 智能化生产辅助，增强生产效益，加快推进工业制造行业升级。

1. 智慧生产

生产设备实现了预测性维护，通过对设备运行状态的实时检测，调用基于工业大数据的 AI 模型对生产设备的工况状态、潜在的故障模式做出推断，使预测性维护成为可能，工业质量检测适用于工业缺陷检测场景。人工智能高精度机械设备实现了人工替代，例如，工业机械臂通过模拟人手功能完成工业制造某些工序的机械装置，可以执行切割、焊接等"硬性加工"任务。工业增强现实（Augmented Reality，AR）等智能化手段可加强生产辅助，使边缘智能用于工业互联网场景，满足生产常见的状态跟踪、缺陷检测、预测性维护等需求。工业质量检测解决方案如图 3-13 所示。

注：1. MES（Manufacturing Execution System，制造执行系统）。
　　2. NAS（Network Attached Storage，网络附属存储）。

图 3-13　工业质量检测解决方案

资料来源：腾讯

2. 高压输电线路智能运检

南方电网深圳供电局结合华为 Atlas 人工智能方案，以"系统智能分析为主、人工判断为辅"的新模式，实现高压输电线路运检智能化。华为昇腾智巡系统在调度、发电、输变电、配电、用电等环节，推出全场景 AI 解决方案，其能为输电线路、变电站、配电房和营业办公等场景提供 AI 应用支撑。南方电网深圳供电局已在输电现场安装近 2000 台集成了华为昇腾 AI 处理器的视频在线监测摄像头，并研制出搭载昇腾 AI 模组的无人机，使原来需要20 天才能完成的现场巡视工作现在仅需 2 个小时就可完成。

此外，华为昇腾智巡系统还能及时找出传统人工地面巡视不易发现的隐患点，南方电网深圳供电局的数据采集量相比之前提升了 30 倍。华为针对智能电网的全链条提供系统化的解决方案。在变电站远程智能巡视方案中，承载 AI 推理职能的 Atlas 500Pro 智能边缘服务器与数据中心端负责 AI 训练的 Atlas 800 服务器扮演着重要的角色。其中，Atlas 500Pro 智能边缘服务器以超强性能、更优能效、边云协同、简易部署等优势，成为边缘侧的 AI 推理平台，推动了变电站运检方案的优化。南方电网深圳供电局线路智能巡检如图 3-14 所示。

图 3-14　南方电网深圳供电局线路智能巡检

资料来源：华为

3. 智能制造

青岛威奥轨道股份有限公司构建了协同开发与云制造平台，形成一套适合多品种、换批频繁生产特点的先进智能制造业务体系，催生轨道交通装备产品发展的新模式。通过架设基于 SCADA[1] 的设备数据采集系统，青岛威奥轨道股

1　SCADA（Supervisory Control And Data Acquisition，监控与数据采集系统）。

份有限公司实现了对设备的电流电压、转速、数字控制程序等设备边缘数据的采集和下发；打造"潮汐式"智能制造系统，打通端到端的信息流，横向从客户到工厂再到供应商，纵向从管理层到车间再到设备，做到全面智能化。协同开发与云制造平台如图 3-15 所示。

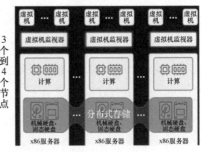

注：1. PDM（Product Data Management，产品数据管理）。

　　2. OA（Office Automation，办公自动化）。

　　3. WMS（Warehouse Management System，仓库管理系统）。

图 3-15　协同开发与云制造平台

资料来源：中国信息通信研究院

4. 智能车间

青岛艾孚科技有限公司打造了智能化车间，实行了智能化管理、数字建模及工艺仿真；部署边缘数据中心，建设工业大数据管控系统，企业可采用 MES 系统，优化从订单生成到产品完成的整个生产活动，以最少的投入生产最优的产品，实现连续均衡生产；通过产品建模仿真等方式建设数字化车间，依托信息化管控手段、体系化流程及自动化设备保障，使企业实现智能化设计、智能化制造及全生命周期智能化管理；企业的生产制造部门，也已经实现智能化车间。电子制造行业智能化车间如图 3-16 所示。

5. 工业质检

传统工业质检基于图形学特征提取的方法，鲁棒性差，光源和背景变化都会影响检查的质量。而现代的产品零件复杂度高、规模大、产品代际更新快，这要求使用深度学习方法替代传统方法。

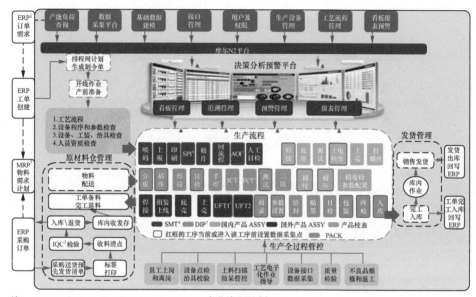

注：1. ERP（Enterprise Resource Planning，企业资源计划）。
　　2. MRP（Material Requirement Planning，物资需求计划）。
　　3. IQC（Incoming Quality Control，来料质量控制）。
　　4. AOI（Automated Optical Inspection，自动光学检测）。
　　5. FCT（Functional Circuit Test，功能测试）。
　　6. SMT（Surface Mounted Technology，表面贴装技术）。
　　7. DIP（Dual Inline Pin Package，双列直插封装）。
　　8. SPI（Serial Peripheral Interface，串行外设接口）。
　　9. UFT（Unit Fuction Test，单元性能测试）。

图 3-16　电子制造行业智能化车间

资料来源：中国信息通信研究院

　　在部署了百度昆仑芯机器的智能工厂中，百度昆仑芯机器能够自动对物体表面的缺陷进行大小、位置、形状检测，任何微小的瑕疵都能被直接标记。百度昆仑芯机器能够同时处理 24 个模型，处理完所有流程仅需 480ms。深度学习算法在对各种缺陷进行学习后，能准确识别产品的全部 33 类缺陷，漏检率在 0.1% 以内，能使全检出货达到 AQL 0.4 标准（极高的合格质量水平）。基于百度昆仑芯机器的投资回报率是传统视觉检测机型的 6.5 倍。工业质检架构如图

3-17 所示。

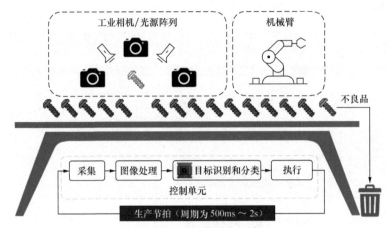

图 3-17 工业质检架构

资料来源：百度

3.4.6 智慧科研

科研项目复杂，涉及学科广泛、内容精深、管理模式复杂、科研资讯共享困难等问题，使高等院校和科研机构的资源无法得到充分利用，科研人员耗费了大量时间和精力在非科研项目上，大大降低了科研效率。智能计算中心为科研创新工作提供核心的算力底座，提供 AI 算力和人工智能资源池，实现资源精准管理和高效调度、数据敏捷整合及加速，最大限度地提升 AI 算力利用率，为科研工作提供强劲、智能的算力支持。

1. "鹏城云脑"

"鹏城云脑"是在鹏城实验室中承担对接国家新一代人工智能发展战略和重大科技工程的创新基础平台，聚焦在新一代人工智能基础研究以及突破信息处理领域重大科学理论基础问题等方面。"鹏城云脑 II"以 Atlas 900 AI 集群为算力底座，结合 AI 集群软件，可以实现 AI 算力自由扩展至 E 级的 AI 计算系统，通过多样化的异构计算平台、多源算法平台和多态智能化应用，支持 AI 重大应用的模型训练及推理，可用于自动驾驶、"城市大脑"、智慧医疗、智慧交通、语音识别、自然语言处理等应用场景。"鹏城云脑 II"场景如图 3-18 所示。

图 3-18　"鹏城云脑 II"场景

资料来源：华为

2. 之江实验室

之江实验室牵头设立了天枢人工智能开源平台，具有完全自主知识产权，由高性能深度学习框架、AI 模型开发平台、人工智能算法库、视觉模型炼知工具、深度学习可视化工具等模块组成。天枢人工智能开源平台作为智能计算软件的基础设施，得到了国家发展和改革委员会人工智能创新伙伴行动的支持，建设智能化数据处理、模型开发、模型训练部署、算力管理、国产 AI 芯片适配、算法应用等多项能力，赋能人工智能产业发展。天枢人工智能开源平台如图 3-19 所示。

图 3-19　天枢人工智能开源平台

资料来源：一流科技

3. 高校 AI 实训平台

某卓越工程师培养计划试点院校的 AI 实训平台采用数十块不同规格的 GPU

显卡，可同时支撑上百个本科生同时在线 AI 学习与若干个研究生团队在线科研。该 AI 实训平台要求少数 GPU 支持大量学生同时使用，且学生之间需要相互隔离。

猎户座（Orion X）资源池化解决方案通过虚拟化解耦了学生实训环境与物理 GPU 的绑定，为学校提供完整的 GPU 虚拟化方案，切分后的虚拟 GPU 将会弹性挂载到各个容器上，学生通过登录各自的容器，获得实训环境。AI 实训平台提供完善的监控功能，方便教师集中运维，支持训练、推理、教学、科研等各种 AI 应用场景。

AI 实训平台采用 GPU 资源池方式调度资源，可实现快速分配/回收 GPU 资源，灵活按需调度 GPU 资源，动态调整；实现容器化，单一用户界面即可调度 CPU 和 GPU 资源；方便运维，实现统一监控，有效管理 GPU 资源。Orion X 资源池化解决方案如图 3-20 所示。

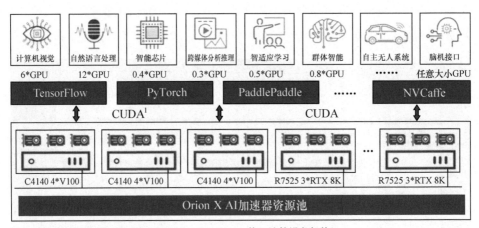

注：1.CUDA（Compute Unified Device Architecture，统一计算设备架构）。

图 3-20　Orion X 资源池化解决方案

资料来源：趋动科技

4. 科研单位

某大型船舶公司下属研究院为完成人工智能与传统船舶制造业结合的探索，需要在传统算力中心内配置 GPU 算力进行业务初期的探索，由于业务尚处于早期阶段，因此 AI 算力相对能力有限，在训练场景中往往会出现 GPU 算力不足的情况，采用 GPU 池化后，可将平台内有限的算力资源进行聚合调度，一方面满足大规模训练需求，另一方面将资源化整为零，满足各子课题小组的业务训练需求，整个算力资源池实现了统一管理和灵活调度，效率得到提升。

Orion X 资源池化解决方案将 GPU 形成统一资源池，使 AI 开发测试人员按需取用 GPU 资源，可以支持小规模的开发测试，也可以支持大规模的分布式训练。GPU 弹性分配，用完即时释放，避免资源独占，利用率大幅提升，还提供完善的监控功能，方便运维人员集中管控，同时支持开发、测试、训练、推理、科研等各种 AI 应用场景。

Orion X 资源池化解决方案采用 GPU 资源池方式调度资源，实现快速分配 / 回收 GPU 资源，灵活按需调度 GPU 资源，动态调整，实现单一用户界面即可调度 CPU 和 GPU 资源，保证统一监控，有效管理 GPU 资源。Orion X 解耦 AI 开发测试人员与物理 GPU 如图 3-21 所示。

图 3-21　Orion X 解耦 AI 开发测试人员与物理 GPU

资料来源：趋动科技

3.4.7　智慧金融

1. 智慧证券

证券行业作为世界上生产数据最为密集的行业之一，拥有大量的证券交易数据、客户数据、监管数据、行情数据等结构化与非结构化数据，这些数据具有体量巨大、产生高速、类型多样等特征，证券行业需要通过大数据和并行计算技术来推动业务系统的数字化升级。传统的数据处理技术难以满足快速、高精度、处理大量信息的需求，加上 CPU 在并行计算领域的性能表现与 GPU 差距甚大，因此近些年 GPU 并行计算技术在证券行业有了较快的发展。

近几年，国内证券公司的收入结构和比重发生了较大的变化，自 2012 年开始，证券公司经纪业务收入比重不断下滑。与之形成鲜明对比的是，自营业务和资管业务的收入占比稳步提升，这与各证券公司投研能力的不断提高以及基于 GPU 的并行计算技术的广泛应用有着直接关系，尤其是在量化交易、投资决策等领域处理因子挖掘和模型训练等任务上，使用 GPU 进行并行计算能够极大地缩短因子挖掘和模型训练时间，从而提高因子挖掘和模型开发效率，最终达到提高自营和资管业务营收的效果。2011 年到 2019 年第三季度证券行业业务收入占比变化情况如图 3-22 所示。

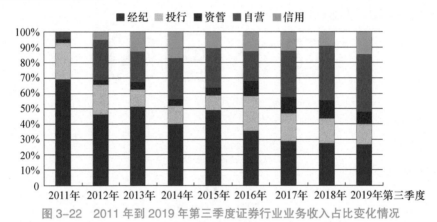

图 3-22　2011 年到 2019 年第三季度证券行业业务收入占比变化情况

资料来源：粤开证券

虽然经纪业务收入在证券公司所占的比例有所下降，但是占比仍然接近 30%，这个体量庞大的存量市场仍然具有深耕的潜力。近几年，各证券公司不断在人工智能领域加大投入，这使用户开户、身份验证、单据处理等多项业务效率提升，有效缩短用户等待时间并提高业务办理的准确率。而在产品推荐、股票诊断等业务领域中，证券公司能够更加快速、准确地识别用户投资偏好，并给予相应的投资建议，有效提高用户满意度和留存率等关键业务指标。

（1）应用领域

随着 GPU 设计与制造，以及并行计算理论与算法的不断发展，GPU 计算性能也在稳步提高，这为需要强大数据处理能力的证券行业的创新发展提供了坚实的基础。证券公司可以将很多以往只能通过人工方式处理的复杂业务问题进行抽象建模，利用 GPU 并行计算技术实现问题的加速求解，通过算法和模型的调优，设计出满足性能要求的算法或者系统，从而真正加速业务创新。GPU 并行计算技术以其强大的算力迅速在证券行业的多个领域推广落地，在实际应用中主要聚焦在以下两个场景。

① 策略模型开发场景。

策略模型开发场景主要是以投顾类、量化类业务为代表，需要强大的计算能力来完成模型开发、训练及验证工作。开发人员在完成模型开发、因子挖掘，以及因子与目标模型之间的耦合关系验证等工作时，利用 GPU 设备来进行加速计算，以此缩短模型开发的时间周期。

② 人工智能应用场景。

GPU 并行计算技术在人工智能应用场景中可以为投资者提供多种辅助服务，例如，业务办理过程中的面部识别与身份证信息验证服务、智能语音客服通过电话的形式为投资者进行业务推荐等服务。通过 GPU 并行计算技术的加持，这些服务系统基本实现了自动化，不仅提升了服务的质量和准确率，还提升了用户的体验感。

尽管采用 GPU 并行计算技术为证券公司的多项业务带来了显著的收益，但在使用与管理 GPU 资源的过程中也存在诸多不便与问题。

一是管理维护成本较高。如果证券公司选择直接在 GPU 服务器上部署项目程序，就不可避免地面临多个项目可能部署在同一台 GPU 服务器上的情况，很容易出现各个项目争抢资源或者相互干扰的情况。如果证券公司选择虚拟化或者容器集群方案进行部署，虽然能够有效解决项目隔离的问题，但是不同平台对 GPU 资源的支持是有限的，无法充分发挥 GPU 的性能优势。

二是设备利用率低。当前主流的虚拟化或者容器云平台的管理技术不能有效提高 GPU 资源的利用率。其一，在 GPU 资源的分配上，只能以整张 GPU 卡为单位分配给业务系统，无论项目能否充分利用所申请的 GPU 资源的所有性能，剩余的计算性能都将被闲置；其二，系统部署方希望尽可能多地申请资源以保证在业务高峰不会降低服务质量，而大部分时间所申请的 GPU 资源都在低效运转，这也进一步加剧了 GPU 资源的浪费。

（2）异构实践

针对上述问题，中信建投投资有限公司围绕自己实际的业务需求，在 GPU

资源管理运维方面做出了许多探索与努力，并针对不同推理业务叠加、推理与训练叠加等复杂场景下 GPU 资源管理的使用提出了 K8s（Kubernetes，一种容器编排引擎）+GPU 资源池化的解决方案，有效地缓解了 GPU 资源管理难度大、利用率低的问题。

通过将 GPU 资源池化技术的探索与业务场景相结合，其技术优势已经可以无缝嵌入证券业务场景，业务收益开始逐步显现。

GPU 资源池化技术优势包括 6 个方面。一是从硬件定义转向软件定义，平台实现统一，开放性与包容性更强，原生支持 AI 应用，有利于完善 AI 中台的全链条。二是 GPU 分配的颗粒度变细，在 GPU 数量不变的情况下，可以支持更多任务，大幅增加业务的并发数。三是优化 GPU 管理模式，弥补原本私有云平台上 GPU 管理短板，监控信息更丰富，支持动态回收、任务排队、远程调用等。四是内存缓存技术创新，突破物理 GPU 显存上限，使 GPU 具备资源超分的能力。该技术扩展了 GPU 使用边界，使多业务叠加不再受限于单卡显存，且互不影响。五是对云原生生态的高度兼容，能够迅速投入企业数字化转型浪潮中。六是硬件兼容性强，支持不同型号 GPU 卡的管理调度与混合使用，有利于异构算力的兼容，以及对国产芯片的支持。

GPU 资源池化在多个场景中可以获得显著收益优势。在开发测试场景中，开发测试工程师对 GPU 资源的利用率不高，通过对 GPU 进行细粒度切分可以有效提升 GPU 资源的利用率，且其对用户无感知。在在线推理场景中，部分在线推理业务无法发挥 GPU 资源的大部分性能。在保证业务性能的前提下对 GPU 进行切分，除了可以提高资源利用率，还可以额外提供冗余资源以便应对设备故障等应急场景。在分时复用场景中，合理叠加不同业务系统能够有效复用 GPU 资源，从而在不同业务高峰时段实现按需分配，进一步提高 GPU 资源的利用率。在运维管理场景中，使用 GPU 资源池化技术可以实现 GPU 资源的在线秒级分配和回收，结合任务自动排队功能，有效降低了任务排队拥塞情况的发生，大大提升了算法工程师和运维人员的工作效率。

（3）应用优势

在人工智能技术高速发展的今天，证券行业的诸多系统都因为搭上了人工智能这辆"高速列车"，而迸发出了新鲜的活力，但这都离不开 AI 数据中心基础设施的支持，GPU 资源池化技术正是对 AI 基础设施的有力补充，能够有效推进智慧证券的建设。GPU 资源池化技术弥补了私有云平台对 GPU 资源管理功能的缺失，可以更好地满足上层业务系统对算力资源的多样化需求，提高了私有云平台的资源管控效率与能力。

随着数智时代的到来，用户对服务的标准越来越高，需要更贴心的产品、更敏捷的速度和更专业的服务，这无疑对证券公司提出了更高的要求。证券公司需要打造一个更加高效的技术中台，以满足前台业务多变创新的需求，敏捷应对市场变化。利用 GPU 资源池化技术能够实现动态、灵活、稳定、高效的算力分配，通过资源超分可实现多种业务场景的 GPU 资源共享与复用，赋能 AI 技术中台，能够有效提升 GPU 资源的利用率、运营效率及效益，从而提升证券行业各企业在市场同业之中的竞争力。Orion X GPU 资源池化如图 3-23 所示。

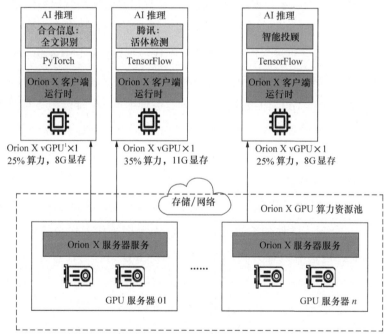

注：1. vGPU（virutal GPU，虚拟GPU）。

图 3-23　Orion X GPU 资源池化

资料来源：趋动科技

GPU 资源池化技术对云原生支持主要体现在支持原生 K8s 平台，通过 K8s 平台实现资源的分配与管理 GPU 资源，从而有效补齐原生 K8s 平台在

GPU 资源调度方面存在的资源严重浪费的短板，完成云原生改造的系统能够简单地实现对 GPU 池化技术的兼容，也大大降低了老旧系统进行云原生改造的门槛。因此，通过 GPU 资源池化技术来推动和保障业务系统的云原生转型是一种兼顾管理收益与改造收益的举措。K8s 平台与 GPU 资源池化技术二者紧密结合，实现了 GPU 资源的统一分配和监控，对构建统一的 AI 业务平台起到了重要的支撑作用。

2. 智慧银行

某股份制银行的算力中心平台部署了 10 个业务，基于人工智能技术完成对其业务数据的训练及推理，人工智能赋能业务主要包括视频审核、语音审核、图片审核、文本审核、直播审核等，为实现平台对其业务的统一承载，该银行在引入 GPU 资源池化技术的同时，将其客户关系管理（Manage Client Relationships，MCR）业务也迁移到该平台内统一承载。该平台包含研发测试使用的 GPU 算力资源共计 16 块卡（V100），以及为满足其线上推理业务需求的 40 块卡（V100）。

在线 AI 推理服务集群为客户提供了多个在线推理业务，算法镜像既有第三方算法公司提供的算法，也有自研算法。传统架构下，在线推理服务的业务并发量受限于集群内物理 GPU 的数量，不具备业务伸缩能力；推理服务集群的 GPU 综合利用率偏低；交付速度慢，客户需要维护 GPU 全栈资源；AI 算力无法灵活高效地统一管理和分配，无法被集中监控。

通过全栈云 GPU 池化，Orion X 创新银行 GPU 资源管理和分配方案，引入软件定义 GPU 概念，构建了一个 GPU 资源池化层，实现了 GPU 资源的统一调度、灵活分配、弹性伸缩等云化能力，为上层全栈云平台提供 GPU 算力资源。Orion X 能够有效提升利用率，将物理 GPU 切片为任意大小的 vGPU，供多个推理业务同时使用，互不干扰，充分利用资源，节约成本；实现场景灵活转换，通过统一资源池，同时支持推理和训练场景，瞬间转换，资源随时就绪；推动资源灵活调度，通过自助式服务，简化管理，简化运维，只需专注于更有价值的业务层面；提供全局资源池性能监控，为运维人员提供直观的资源利用率等信息。Orion X 资源池化解决方案如图 3-24 所示。

图 3-24　Orion X GPU 资源池化

资料来源：趋动科技

第四章

智能计算中心异构算力芯片

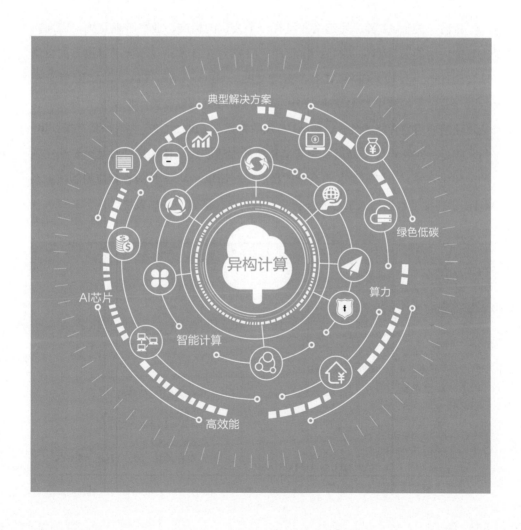

4.1 AI芯片的概念

4.1.1 AI 芯片的概念界定与分类方式

目前，关于 AI 芯片的定义并没有一个公认的标准，业界普遍认为，面向人工智能应用的芯片都可以称为 AI 芯片。AI 芯片在技术路径和分类标准方面也尚未实现统一。我们通常将 AI 芯片分为 CPU、GPU、DSP、FPGA、ASIC 等。在行业专业技术领域中，AI 芯片被分为两类：一类为可以支持不同类型、种类的智能算法的通用型智能芯片，这类 AI 芯片的特点与 CPU、GPU 类似，具有指令集；另一类是针对特定场景乃至特定智能算法的加速芯片，往往是针对某个算法实施的硬件化开发，一般不具备指令集或指令集较简单。AI 芯片的目标应用领域见表4-1，它列举了常见的人工智能云和端上的训练、推理硬件和系统。

表 4-1 AI 芯片的目标应用领域

	云/高性能计算机集群/数据中心	边缘/嵌入式
训练	• 高性能 • 高精度 • 高灵活度 • 可伸缩 • 扩展能力 • 高能耗效率 芯片类型：CPU/GPU/NPU	
推理	• 高吞吐率 • 低时延 • 可伸缩 • 可扩展 • 高能耗效率 芯片类型：CPU/GPU/NPU/FPGA/ASIC	• 多种不同的需求 • 低时延 • 高能耗效率 • 低成本 芯片类型：NPU/FPGA/ASIC

资料来源：燧原科技

4.1.2　传统芯片与 AI 芯片的对比分析

在人工智能数十年的发展历程中，传统芯片曾长期为其提供底层算力。这些传统芯片包括 CPU、GPU、DSP、FPGA 等，它们在设计之初并非面向人工智能领域，但通过灵活通用的指令集或重构的硬件单元覆盖了人工智能程序底层所需的基本运算操作，从功能上可以满足人工智能应用需求，但在芯片架构、性能、能效等方面并不能适应人工智能技术与应用的快速发展。

CPU、GPU 等传统芯片的作用不是执行人工智能算法及应用。CPU 主要应用于计算机中，作为计算机系统的运算和控制核心，其功能主要是支持计算机的操作系统，并作为通用硬件平台运行广泛而多样的应用程序。GPU 是一种专门在个人计算机、工作站、游戏机和一些移动设备（例如，平板电脑、智能手机等）上做图像和图形相关运算工作的微处理器。随着人工智能行业的发展，CPU、GPU 等传统芯片也开始向科学计算和人工智能领域拓展。

AI 芯片是面向人工智能领域专门设计的，其架构和指令集针对人工智能领域中的各类算法和应用进行了专门优化，可高效完成视觉、语音、自然语言处理和传统机器学习等智能处理任务。AI 芯片的性能和能效优势主要集中于智能应用，但不适用于人工智能之外的其他领域。与传统芯片相比，由于 AI 芯片不支持双精度浮点、图形渲染、无线通信类信号处理等运算，且未包含可重构逻辑单元阵列，从而无法像 CPU 和 GPU 一样完成科学计算任务，无法像 GPU 一样完成图形渲染任务，无法像 DSP 一样完成通信调制解调任务，无法像 FPGA 一样对硬件架构进行重构。因此，在通用计算和图形渲染等人工智能以外的其他领域，AI 芯片无法替代 CPU、GPU 等传统芯片，存在局限性。在人工智能领域，AI 芯片的优势明显，可以替代 CPU、GPU 等传统芯片。

4.1.3　AI 芯片异构架构

AI 芯片异构架构是以"CPU+AI 加速芯片"为主体的 AI 服务器，是面向 AI 应用的计算平台，是承载智能计算中心 AI 计算的核心基础设施。AI 服务器最显著的特征是超强的计算性能，可以满足 AI 应用对算力的巨大需求。与传统服务器仅支持CPU一种芯片不同，AI服务器能够支持多个AI加速芯片，这对系统结构、拓扑架构、散热、噪声、能源效率、时延等设计提出更高的要求，需要深度优化拓扑结构，需要极致优化的散热设计，才能确保服务器在高功耗下保持高稳定性，高效利用冷热风流，实现低功耗、高散热性能完美结合。

AI 服务器按功能可以分为 AI 训练服务器和 AI 推理服务器。AI 模型训练是消耗算力最大的部分，近年来单个模型的参数量和复杂程度都呈现指数级增长，具有海量参数的模型训练如果没有强大的算力支撑，很难发挥其价值。常规的服务器难以满足算力需求，需要专门的 AI 训练服务器。AI 模型训练完成后，需要部署与推理。未来几年，随着推理工作负载在各个行业应用中不断增加，推理需求将呈现指数级增长。支撑大规模、高并发的推理计算也需要专门的 AI 推理服务器。

4.1.4 AI 芯片的发展趋势

1. 芯片趋向超低功耗、超高算力的类人智能

AI 芯片的研发方向主要分为两种：一种是基于传统的冯·诺依曼结构的 FPGA 和 ASIC；另一种是模仿人脑神经元结构设计的类脑芯片。其中，FPGA 和 ASIC 不管是研发还是应用，都已经形成一定规模，而类脑芯片虽然还处于研发初期，但具备强大的潜力，在未来可能成为行业内的主流。这两种发展路线的主要区别在于前者沿用冯·诺依曼结构，后者采用类脑结构。当前的计算机主要采用的是冯·诺依曼结构。它的核心思路是处理器和存储器要分开，因此才有了 CPU 和内存。而类脑结构，顾名思义，模仿的是人脑神经元结构，CPU、内存和通信部件都集成在一起。

广义上来讲，神经形态计算的算法模型可以大致分为人工神经网络、脉冲神经网络，以及其他延伸出的具有特殊数据处理功能的算法模型。其中，人工神经网络（Artificial Neural Network，ANN）是目前机器学习特别是深度学习使用的主要模型，不管是研发还是应用，都已经形成一定规模，得到了广泛应用；脉冲神经网络（Spiking Neural Network，SNN）是借鉴生物脑神经元的结构，基于此结构的类脑芯片虽然还处于研发初期，但具备很大的潜力，代表了 AI 芯片拥有广阔前景。

人工智能深度学习的计算过程通常需要处理巨大的计算量，以线程化计算为主，例如，张量处理和向量运算，处理的网络参数量大，需要巨大的存储容量，满足大带宽、低时延。

2. 异构生态趋向统一可信、完整高效

随着 AI 发展的不断深入，对于 AI 产业化和产业 AI 化而言，技术架构的相对稳定和编程技能的通用性是非常必要的。目前基于 GPU 的 AI 计算的软件生态已经成熟。在面向深度学习训练、推理计算加速等方向都有完善的软件支撑。

国际权威的 AI 测试基准有 MLPerf 和 SPEC ML 两个组织。MLPerf 每年组织全球 AI 训练和 AI 推理性能测试并发布排行榜。SPEC ML 成立了 Machine Learning（机器学习）技术委员会，建立和运行一套基于 ML 统一可信的行业测试基准。ML 基准测试如图 4-1 所示。

ML 基准测试套件应用广泛，用于测试 ML 软件框架、
ML 硬件加速器和 ML 云平台的性能

图 4-1　ML 基准测试

同时，面对异构算力基于底层适配层的接入，智能计算中心提供统一的异构算力资源抽象模型，面向异构算力进行统一的算力纳管，为 CPU、NPU、GPU 等异构算力建立统一的算力管理体系。统一资源的管理为后续算力资源的抽象提供了技术支撑。异构芯片性能对比如图 4-2 所示。

	CPU	GPU	FPGA	ASIC
适用性	广	受限	中等	中等
可重构	软件	否	是	否
可用资源	少	多	多	非常多
时钟频率	高	高	低	高
性能功耗比	低	中等	高	高
开发代价	低	低	中等	高
芯片成本	低-高	高	高	低
上市时间	月	月	1年	3年
资源粒度	指令	指令	门、IP	晶体管、IP
主要优点	通用性强、应用范围广	计算能力强、产品成熟	平均性能较高、功耗低、灵活性强	平均性能强、功耗低、体积小

图 4-2　异构芯片性能对比

资料来源：趋动科技

4.2 AI芯片的分类

4.2.1 CPU

CPU是通用处理器，适用于更好地响应人机交互的应用，能够处理复杂的条件和分支，以及任务之间的同步协调。深度学习计算量巨大，CPU架构被证明不满足处理大量并行计算的深度学习算法的要求，因为这些算法需要更适合并行计算的芯片，GPU、FPGA、ASIC等各种芯片应运而生。因此，"CPU+AI加速芯片"的架构使CPU与AI加速芯片各司其职，分别应对大量交互响应和高并行计算。

4.2.2 GPU

GPU应用开发周期短，成本相对低，技术体系成熟，目前，全球各大主流企业采用GPU进行AI计算。与CPU相比，GPU在深度学习领域的性能具备绝对优势。深度学习在神经网络训练中，需要很高的内在并行度、大量的浮点计算能力，以及矩阵运算，而GPU可以提升这些能力，并且在相同的精度下，相对传统CPU的方式，GPU拥有更快的处理速度、更少的服务器投入和更低的功耗。CPU与GPU中计算、存储、控制单元分布比重如图4-3所示。

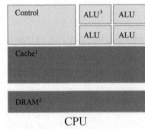 

注：图中绿色为计算单元，橙红色为存储单元，橙黄色为控制单元。
　　1. Cache是高速缓冲存储器。
　　2. DRAM（Dynamic Random Access Memory，动态随机存储器）。
　　3. ALU（Arithmetic and Logic Unit，算术逻辑部件）。

图4–3 CPU与GPU中计算、存储、控制单元分布比重

1. GPU并行计算

GPU擅长做类似图像处理的并行计算。图形处理计算的特征表现为高密度计

算，且计算需要的数据之间较少存在相关性，GPU 可提供大量的计算单元（多达几千个计算单元）和高速内存，同时对很多像素进行并行处理。

顾名思义，GPU 并行计算技术就是利用 GPU 的计算单元来完成和加速并行计算任务的技术，而非传统的基于 CPU 完成计算任务。因为 GPU 相比 CPU 具有更多的计算单元，这使 GPU 比 CPU 更适合进行并行计算任务，获得更高的运行效率。在英伟达推出 CUDA 后，开发者可以使用类 C 语言来为 GPU 编写程序，从而降低了 GPU 的使用门槛，这极大地推动了 GPU 并行计算技术在模式识别、图形语音、自然语言等人工智能领域多个方向上的发展。

GPU 并行计算技术在人工智能应用场景中的应用可以为用户提供多种辅助服务。通过 GPU 并行计算技术的加持，这些服务系统基本实现了自动化，不仅提升了服务的质量和准确率，更是极大地提升了用户的体验感。

2. GPU 资源池化

虽然 GPU 设备早已在业界被广泛使用，但 GPU 设备成本高昂且对 GPU 资源的管理大多还处于初级水平。

如果企业选择直接在 GPU 服务器上部署项目程序，就不可避免地面临多个项目可能部署在同一台 GPU 服务器上的情况，很容易出现各个项目争抢资源或者相互干扰影响的情况。如果企业选择虚拟化或者容器集群方案进行部署，虽然能够有效解决项目隔离的问题，但是不同平台对 GPU 资源的支持有限，无法充分发挥 GPU 的性能优势。

当前主流的虚拟化或者容器云平台的管理技术无法有效提高 GPU 资源的利用率。首先，在 GPU 资源的分配上，只能以整张 GPU 卡为单位分配给业务系统，无论项目能否充分利用所申请 GPU 资源的所有性能，剩余的计算性能都将被闲置。其次，系统部署方希望尽可能多地申请资源以保证在业务高峰阶段不会降低服务质量，而所申请的 GPU 资源大部分时间都在低效运转，这也加剧了 GPU 资源的浪费。因此通过 GPU 资源池化技术将多个独立的 GPU 设备组建成共享资源池能够显著提高 GPU 资源的利用率，有效降低整体建设成本。

GPU 资源池化对硬件资源实现了统一管理，把 GPU 资源从硬件定义变成软件定义，实现算力资源的共享与灵活调度。通过 GPU 资源优化技术，我们可以高效地切分、调度和使用 GPU 资源，从而提高 GPU 资源的利用率。当然，GPU

资源池化技术的演进并不是一蹴而就的，而是经历了以下几个阶段。GPU 资源池化技术演进如图 4-4 所示。

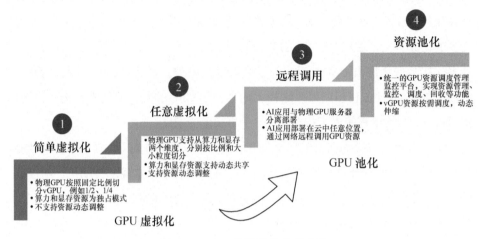

图 4–4　GPU 资源池化技术演进

资料来源：趋动科技

阶段一：简单虚拟化，此阶段可以将物理 GPU 按照固定比例均分成多个 vGPU，每个 vGPU 规格一致。

阶段二：任意虚拟化，此阶段支持 GPU 按算力和显存两个维度进行细粒度切分，满足系统对算力多样化的需求，支持 GPU 资源动态共享。

阶段三：远程调用，此阶段突破了 GPU 资源对物理服务器的依赖，GPU 资源可以通过高速网络提供给整个数据中心。

阶段四：资源池化，在阶段三的基础上，提供了更丰富的 GPU 分配控制手段。例如，聚合多个 GPU 显卡、按需动态伸缩调节资源大小、动态回收资源、动态实时监测、异构 GPU 调度等。

目前，市面上已有多种 GPU 资源管理技术，每种技术都有其优点与适用场景。对人工智能算力进行更精细化的管理，增加并行度，提高利用率一直是业界关注的方向，趋动科技的 Orion X 方案能够对典型的业务场景提供支持。Orion X 适用场景分析如图 4-5 所示。

92

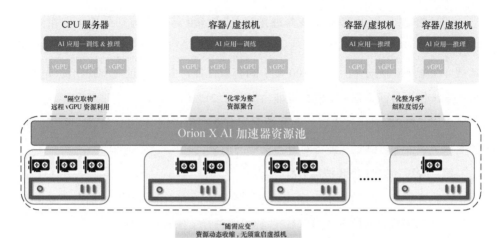

图 4-5　Orion X 适用场景分析

资料来源：趋动科技

通过"隔空取物""化零为整""化整为零""随需应变"，远程 vGPU 资源得到有效利用，加快资源整合和细粒度切分。物理 GPU 被切分后分配给多个推理任务，这样可以增加推理任务并行度，解决多业务并发带来的资源紧张的问题。多卡 GPU 提供给一个分布式训练任务使用，可提供超过单机数量的海量算力，降低分布式训练时间，有效提升模型训练效率。解耦 CPU 与 GPU 的配比限制，这样可以根据任务需要灵活部署，并通过高速网络远程调用 GPU 资源。对 GPU 资源依照按需分配、随用随取、动态回收的方式进行管理，把宝贵的 GPU 资源充分利用起来，各业务可以动态、错峰叠加，进一步提升资源管理效率。

随着大规模 AI 应用的上线，GPU 服务器普遍成本高昂、GPU 资源的综合利用率低、交付速度慢、运维工作烦琐、缺少全局统一的 GPU 资源配置和监控中心等问题集中涌现。GPU 资源池化技术能够有效解决上述问题，不仅能够满足业务系统对 GPU 资源的使用需求，也能实现对 GPU 资源的高效管理。

第一阶段：GPU 资源等额分配

在身份证识别业务场景下，系统很难发挥显卡 100% 的性能，甚至通常只能发挥显卡性能的 20% 左右，如果简单地以显卡为单位进行分配，则会产生很大的资源浪费。

通过将 GPU 卡的算力和显存进行等分，V100 显卡将被切分为 4 份相同的 vGPU，并为每个身份证识别进程分配一个 vGPU，这样，一块 V100 显卡就可以部署 4 个服务，充分利用了 V100 显卡的有效性能，并且通过对 vGPU 资源的高效调度，使身份证识别业务的处理能力提升了 21%。

采用 GPU 虚拟化技术后，充分挖掘和有效利用了现有 GPU 资源，可以服务和支撑更多业务，满足了业务对算力资源的需求。

第二阶段：GPU 资源按需分配

在验证了第一阶段"单一推理业务"场景下的同卡部署后，我们在"多推理业务"同卡部署的场景下对提高 GPU 利用率进行了探索与尝试。

将两个或多个在线推理和离线推理的业务部署在同一张 GPU 卡上，将算力和显存根据实际需求进行分配。一张 GPU 卡"化整为零"，可服务多个推理业务，提高了 GPU 资源池的共享能力，从而进一步提高了 GPU 的利用率。

第三阶段：GPU 资源分时调度

不同的业务与场景在时间维度有着各自的分布特性，有部分业务存在显著的时间分布特征，在非主要交易时段请求频率非常低，例如，身份证识别、文档审核等业务。这类业务在交易低峰期占用的 GPU 资源与高峰期无异。应用业务GPU 使用情况分析如图 4-6 所示。

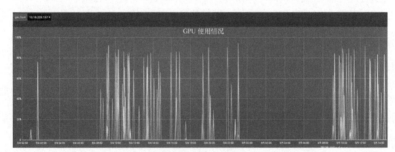

图 4-6　应用业务 GPU 使用情况分析

资料来源：趋动科技

这类 GPU 的资源利用率问题在证券行业的业务系统中是普遍存在的技术难点，但也是证券行业对 GPU 资源池化提出的不可或缺的需求，是 GPU 资源池化技术在更大范围内应用的前提。究其根本，它是要求 GPU 资源池化技术能够实现对 GPU 资源的更细粒度的调度。如果能够实现 GPU 的显存超分，突破物理显

存限制，将不同时间分布的业务占用的
GPU 资源合理分配，则可以极大地提升
GPU 资源的利用率。GPU 资源超分的需
求如图 4-7 所示。

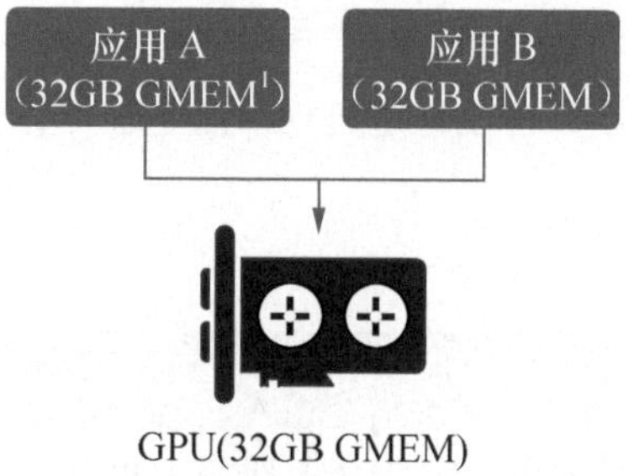

利用内存作为显存的缓存，能够解决
在 GPU 资源超分上的技术难题，突破了
物理 GPU 卡显存的上限，赋予虚拟 GPU
资源"超分"的能力。GPU 资源超分技
术的原理如图 4-8 所示。

注：1. GMEM是指CPU芯片中的高速缓存区。

图 4-7　GPU 资源超分的需求

资料来源：趋动科技

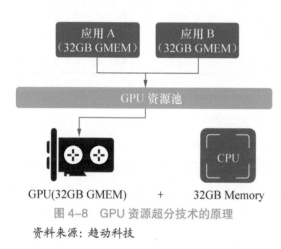

图 4-8　GPU 资源超分技术的原理

资料来源：趋动科技

具体的实践场景可以采用
"训练＋推理"叠加的模式，因
为推理业务主要在交易时段运
行，而训练任务的运行时段则
比较灵活，通过合理搭配训练
和推理业务，就可以利用二者
呈现出的运行时段的互补性，
极大地提高 GPU 资源的利用率。
例如，白天推理业务独占 GPU，
保证在白天高负载下的服务质
量，而在晚上推理业务请求量很少，GPU 几乎无负载的情况下，将显存数据切换
至内存，把 GPU 资源调度给训练业务，在次日白天推理业务高峰期之前再将推
理业务的数据从内存加载到显存中，GPU 算力资源又被调度回推理业务，整个切
换过程可以全程自动化、周期化，不改变系统部署，不影响业务的正常运行，从
而实现多业务叠加、分时复用、错峰填谷。

如果在推理业务的非主要交易时段仍有请求，则系统会启动临时调度机制，
保证推理业务的实时响应，根据测试结果响应时长会有 200ms 左右的时延。

第四阶段：GPU 资源池化技术的稳定性与高可靠性

GPU 资源池是 AI 业务稳定运行的基石，GPU 资源池是否稳定、可靠、高效，
对于金融业务系统更是重中之重。趋动科技的测试数据表明，在压力条件下进行

95

的稳定性测试连续满负载运行 7 天，GPU 在温度、功率、算力等方面的性能不受影响，可以稳定运行，满足证券行业对稳定性与可靠性的要求。压力测试数据见表 4-2。

表 4-2　压力测试数据

日期	GPU0	GPU1	GPU2	GPU3	GPU使用率/%	GPU温度/℃	功率/W
2021-01-26	406.8	406.8	407.4	406.7	98～100	65～70	250～300
2021-01-27	405.1	401.9	403.7	406.2	92～100	70～71	250～300
2021-01-28	405.3	401.4	403.5	406.4	85～100	70～73	250～300
2021-01-29	405.4	401.5	403.6	406.5	75～100	70～73	250～300
2021-01-30	405.5	401.6	403.7	406.6	70～100	69～73	250～300
2021-01-31	405.5	401.7	403.8	406.6	70～100	70～72	250～300
2021-02-01	405.5	401.7	403.8	406.6	70～100	70～72	250～300

资料来源：趋动科技

4.2.3　NPU

很多公司面向云端和边缘侧的各种 AI 应用开始设计 AI 加速芯片 NPU，以达到更高的性价比和能效比。NPU 侧重加速机器学习运算，提供大量针对深度学习优化的张量 / 矩阵运算（数万个运算单元），支持多种数据精度以应对训练和推理等场景下的运算精度、性价比和能效比等不同需求，提供大量高速存储和可扩展的互联能力。

下面以燧原科技的"云燧 T20"为例分析 NPU 的计算能力。"云燧 T20"包含 24 个通用神经元处理器，每个处理器包含 2048 个 32bit 智能浮点乘法和加法操作，4096 个 8bit 定点乘法和加法操作。"云燧 T20"可以提供 128TFLOPS（每秒 128 万亿次 TF32 浮点指令）和 256TOPS（每秒 256 万亿次 INT8 定点指令）的处理能力。同时，"云燧 T20"还提供 1.6Tbit/s 带宽的大容量高速缓存，以缓解冯·诺依曼架构体系的"存储墙"问题。另外，"云燧 T20"提供芯片间 300Gbit/s 的高速互联接口，可以高效构建 PFLOPS 到 EFLOPS 的计算集群，支持大规模人工智能的并行训练业务。

与云端应用的 NPU 相比，在边缘计算中的 NPU 一般具有以下 4 个特点：一是计算精度以 8bit 定点或者 16bit 定点 / 浮点为主，牺牲一定计算精度的同时换取更高的性价比和能效比；二是存储多采用 LPDDR[1] 这样的低成本、低功耗内存；三是 NPU 芯片还集成 CPU、视频编解码、图像编解码、通信等能力以形成高性价比的系统级芯片（System on Chip，SoC）解决方案；四是提供有限的或者不提供训练能力。

4.2.4　FPGA

FPGA 是在可编程阵列逻辑（Programmable Array Logic，PAL）、复杂可编程逻辑器件（Complex Programmable Logic Device，CPLD）等器件的基础上进一步发展的产物，是一种高性能、低功耗的可编程芯片，可以根据客户需求来做有针对性的算法设计。在处理海量数据的时候，相比于 CPU 和 GPU，FPGA 的计算效率更高，更接近输入 / 输出（Input/Output，I/O）。

FPGA 的核心优势在于推演阶段中算法性能高、功耗低和时延低，适用于压缩 / 解压缩、图片加速、网络加速、金融加速等应用场景。FPGA 的劣势在于，尽管可以通过编程重构为不同的电路结构，但是编程复杂度高，重构的时间成本过大，而且过多的冗余逻辑会导致其功耗相对较高。

4.2.5　ASIC

ASIC 是一种专用芯片，与传统的通用芯片有一定的差异，是为了某种特定的需求而专门定制的芯片。ASIC 的计算能力和计算效率可以根据算法需求进行定制，因此，与通用芯片相比，ASIC 具有以下优势：体积小、功耗低、计算性能强、效率高、芯片出货量越大成本越低。近年来，涌现的类似 TPU、NPU、VPU[2]、BPU 等芯片都属于 ASIC。但是 ASIC 的缺点也很明显，即 ASIC 的算法是固定的，一旦算法变化就可能无法使用。

2015 年，谷歌公司部署了 ASIC 张量处理器——谷歌 TPU。谷歌 TPU 可以支持搜索查询、翻译等应用，成为 AlphaGo 的"幕后英雄"，包括矩阵乘法单元、统一缓冲区、蓄电池、激活管道等。谷歌 TPU 架构如图 4-9 所示，谷歌 TPU 布局如图 4-10 所示。

1　LPDDR 全称是 Low Power Double Data Rate SDRAM，是一种低功耗内存技术。

2　VPU（Vector Processing Unit，矢量处理器）。

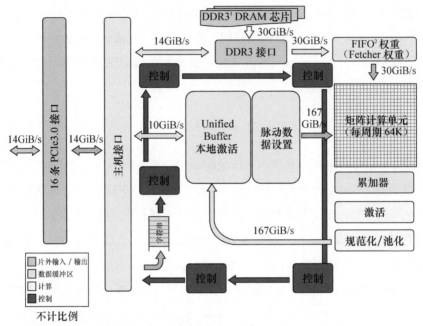

注：1. DDR3（Double-Data-Rate Three，四倍数据速率）。
 2. FIFO（First Input First Output，先进先出）。

图 4-9　谷歌 TPU 架构

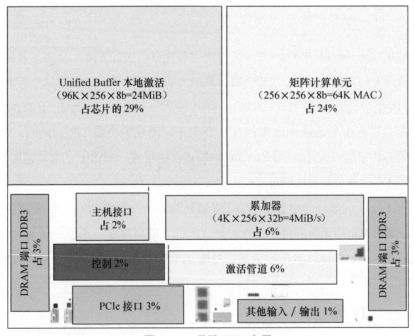

图 4-10　谷歌 TPU 布局

4.3　主流芯片产品

4.3.1　昇腾 AI 推理和训练芯片

昇腾 AI 推理和训练芯片由华为自研，采用达芬奇（DaVinci）架构，达芬奇架构是华为自研的面向 AI 计算特征的全新计算架构，具有大算力、高能效、灵活可裁剪的特性，是实现"万物智能"的重要基础。华为采用 3D 立方体针对矩阵运算做加速，大幅提升单位功耗下的 AI 算力，每个 AI Core 可以在一个时钟周期内实现 4096 个 MAC 操作，相比传统的 CPU 和 GPU，达芬奇架构的芯片实现了数量级提升的目标。华为达芬奇架构的芯片如图 4-11 所示。

图 4-11　华为达芬奇架构的芯片

资料来源：华为

同时，为了提升 AI 计算的完备性和不同场景的计算效率，达芬奇架构还集成了向量、标量、硬件加速器等多种计算单元。同时支持多种精度计算，支撑训练和推理两种场景的数据精度要求，实现 AI 的全场景需求覆盖。

4.3.2　寒武纪智能加速卡

1. MLU270-S4 智能加速卡

MLU270-S4 智能加速卡的功耗仅为 70W，处理非稀疏深度学习模型的理论峰值性能提升至上一代思元 100 芯片的 4 倍，可广泛支持视觉、语音、自然语言处理，以及传统机器学习等多样化的人工智能应用，帮助 AI 推理平台实现超高能效比。

2. MLU290-M5 智能加速卡

MLU290-M5 智能加速卡搭载寒武纪首颗训练芯片——思元 290 芯片，采用台积电 7nm 先进制程工艺，采用 MLUv02 扩展架构，集成了高达 460 亿个的晶体管。MLU290-M5 智能加速卡采用开放加速模块管理维护（Operation Administration Maintenance，OAM）设计，具备 64 个 MLU Core，1.23Tbit/s 内存带宽及全新 MLU-Link ™芯片间互联技术，在 350W 的最大散热功耗下提供 AI 算力高达 1024TOPS，全面支持 AI 训练、推理或混合型人工智能计算加速任务。MLU290-M5 智能加速卡如图 4-12 所示。

图 4-12　MLU290-M5 智能加速卡

资料来源：寒武纪

3. MLU370-S4 智能加速卡

MLU370-S4 智能加速卡采用思元 370 芯片、TSMC 7nm 制程，由寒武纪新一代人工智能芯片架构 MLUarch03 加持，支持 PCIe Gen4，板载 24GB 低功耗、大带宽 LPDDR5 内存，板卡功耗仅为 75W。相较于同尺寸 GPU，MLU370-S4 智能加速卡可提供 3 倍的解码能力和 1.5 倍的编码能力。MLU370-S4 智能加速卡的能效出色，体积小巧，可在服务器中实现高密度部署。MLU370-S4 智能加速卡如图4-13 所示。

图 4-13　MLU370-S4 智能加速卡

资料来源：寒武纪

4. MLU370-X4 智能加速卡

MLU370-X4 智能加速卡采用思元 370 芯片，为单槽位 150W 全尺寸加速卡，可提供高达 256TOPS（INT8）推理算力和 24TFLOPS（FP32）训练算力，同时提供丰富的 FP16、BF16 等多种训练精度，配合全新 Neuware 软件栈，可充分满足推理、训练一体化 AI 任务需求。

4.3.3　百度昆仑芯

1. 百度昆仑芯产品概述

百度自 2019 年开始推出百度昆仑芯系列 AI 计算处理器。该系列处理器基于百度自主研发的先进 XPU 架构，专门为云端和边缘端的人工智能业务而设计，自推出以来被广泛部署和应用于各类"人工智能+"领域，特别是云和智能计算中心、智慧城市、智慧工业等 AI 算力需求场景。

百度昆仑芯系列 AI 计算处理器在大规模 AI 推理、大模型 AI 训练等场景下支持通用人工智能算法，在计算机视觉、语音识别、自然语言处理、推荐算法中的性能表现得非常出色和稳定。

百度昆仑芯 1 代通用 AI 处理器自 2019 年开始规模部署，其高性能、低功耗和稳定性保证了智能计算中心对 AI 大规模集群的要求，到 2020 年年底已有万片以上的规模部署。百度昆仑芯 2 代通用 AI 处理器在 2021 年 8 月实现量产，其采用 7nm 先进制程，具备 32GB GDDR6 显存和 512Gbit/s 内存带宽，在单芯片功耗低于 150W 的情况下提供 256TOPS 处理能力。对比百度昆仑芯 1 代，百度昆仑芯 2 代通用 AI 处理器在主流 AI 算法上的性能提高了 2 ～ 3 倍。

百度昆仑芯软件开发工具包为开发者提供高效、灵活的编程接口和算法示例。开发者可以轻松地利用工具来识别和转换已有算法，自主结合处理器的硬件特性进行编译和优化 AI 计算任务。针对特定领域，用户可以开发自定义算子以提高系统效率。

百度昆仑芯系列 AI 计算处理器作为人工智能平台的核心组件，不仅支持国内领先的开源深度学习平台（例如，飞桨等）、百度机器学习平台及各垂直类 AI 能力引擎，还支持全球主流的 CPU、操作系统和深度学习框架（例如，PyTorch、TensorFlow 等），而且与国内厂商密切合作，支持国产 CPU 和国产操作系统。

2. 百度昆仑芯 2 代产品

百度昆仑芯 2 代 AI 加速卡包括 R200 和 R480 两款，R200 加速卡全高全长，

适合云数据中心 / 边缘高计算密度的推理。R480 通用基板符合开放加速器架构（Open Archives Accelerator Infrastucture，OAI），适合云数据中心大规模训练和推理场景。

百度昆仑芯 2 代产品的优势包括以下 3 个方面。

一是增强的通用计算能力，支持未来 AI 算法演进，为用户投资提供最大保障。AI 算法快速迭代，需要 AI 芯片支持不同类型的算法及其可能的演进路径。百度昆仑芯既注重高效性和专用性，也注重增强通用性。百度昆仑芯 2 代 XPU-R 架构将集群（Cluster）的算力提升 2 ～ 3 倍，极大地增强了通用算力。

二是高性能分布式 AI 系统能够实现 AI 数据并行和模型并行中的高速数据交换。大模型发展及云和智能计算中心要求大规模训练和推理集群配置计算单元（芯片 / 板卡 / 节点）的高密度算力及计算单元之间的高速数据交换。由 8 个 R300 OAM 模块组成的 R480 通用基板支持单节点的 AI 服务器提供高达 2POPS 的 AI 算力。而多芯片互联的 K-Link 提供的 200Gbit/s 传输速率能够有效支持大规模 AI 训练中各种并行模式所需的高速数据交换。

三是硬件虚拟化，提升 AI 算力资源的利用率。相比传统数据中心 CPU 算力，云和智能计算中心的 AI 算力具有投入高、折旧期短等特点，这就要求提高 AI 设备的配置灵活度、提高资源利用率以实现成本优化。百度昆仑芯 2 代 R200 AI 加速卡支持 PCIe Gen4 x16 的主机接口，可以方便地安装在不同类型的服务器上，支持单机 4 卡和 8 卡等配置。同时，硬件虚拟化将 R200 的计算单元和存储单元物理隔离为 3 个独立的用户，在保证时延和吞吐量的情况下，以及在更细的颗粒度下优化 AI 加速卡的利用率。

百度昆仑芯国产化解决方案如图 4-14 所示。

解决方案					
智慧金融	智慧医疗	智慧能源	智能制造	智慧政务	智能交通
全AI场景模型					
图像分类 目标检测		自然语言处理 推荐/搜索		语音识别/合成 其他信号处理	

图 4-14　百度昆仑芯国产化解决方案

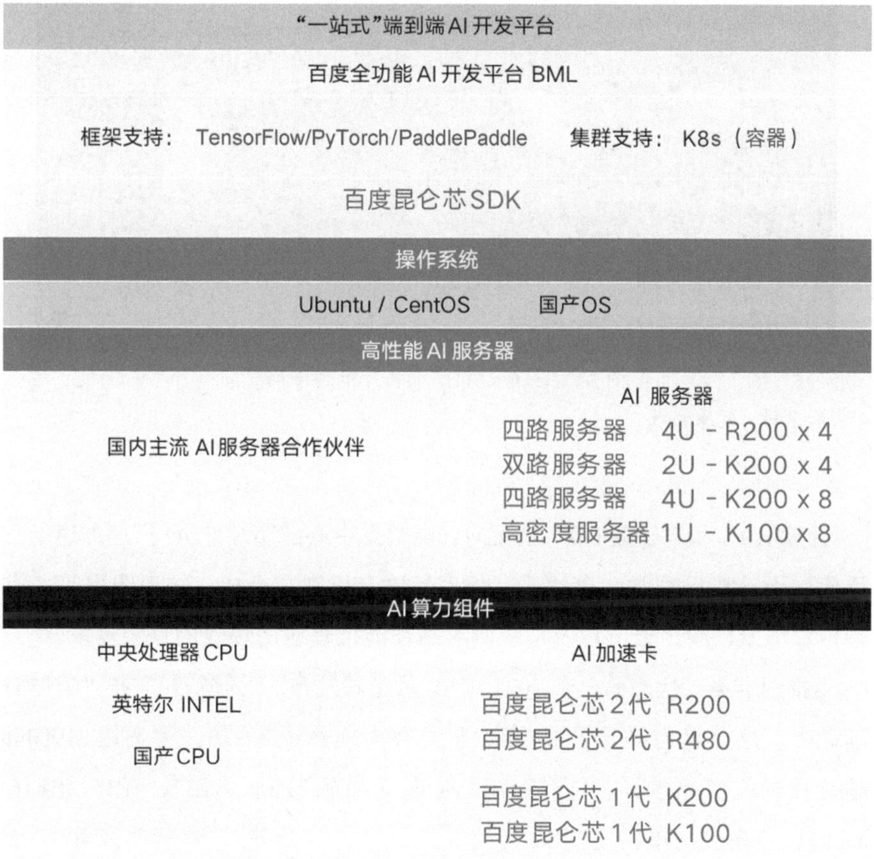

图 4-14　百度昆仑芯国产化解决方案（续）

资料来源：百度

4.3.4　"云燧"系列加速卡

燧原科技自 2018 年成立以来，已完成开发 4 款 AI 芯片，包括两款云端 AI 训练芯片，两款云边 AI 推理芯片，燧原科技已成为国内同时拥有云端训练和推理产品的初创企业，也是在训练和推理两条产品线迭代到第二代的企业。燧原科技产品的自主创新和先发优势明显，全自研开发包括 AI 处理器、芯片、封装、系统，以及全栈配套软件和工具链，并已获得大量的涵盖芯片、软件和系统发明专利证书。燧原科技训练及推理卡产品如图 4-15 所示。

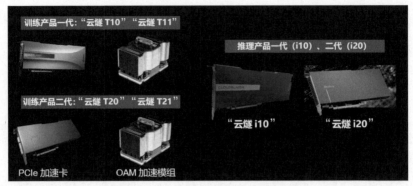

图 4-15　燧原科技训练及推理卡产品

资料来源：燧原科技

1. "云燧 i10" 和 "云燧 i20"

"云燧 i10" 和 "云燧 i20" 是面向云端数据中心的高性能 AI 推理加速卡，可广泛应用于计算机视觉、自然语言处理、语音识别与合成、知识图谱等多类型云端推理场景，满足云端以及边缘侧对高性能推理应用场景的算力需求。"云燧 i20" 是推理卡第二代产品，于 2021 年 12 月正式发布，"云燧 i20" 在 "云燧 i10" 的基础上，浮点算力提升了 1.8 倍，整型算力提升了 3.6 倍，带宽达 819Gbit/s，远超行业同类产品水平。"云燧 i20" 全面支持从 FP32、TF32、FP16、BF16 到 INT8 的计算精度，单精度 FP32 峰值算力达到 32TFLOPS，单精度张量 TF32 峰值算力达到 128TFLOPS，整型 INT8 峰值算力达到 256TOPS。

2. "云燧 T20" 和 "云燧 T21"

"云燧 T20" 是面向数据中心的第二代人工智能训练加速卡，具有模型覆盖面广、性能强、软件生态开放等特点，可支持多种人工智能训练场景。同时，"云燧 T20" 具备灵活的可扩展性，燧原科技可提供业界领先的人工智能算力集群方案。

第五章
智能计算中心异构算力适配

5.1 异构算力适配架构

5.1.1 异构算力工作流程

以算能神经网络软件开发包（Sophgo Neuron Network Software Development Kit，SGNNSDK）工具链工作流程为例，首先，TPUNetX（TPUNetC、TPUNetT、TPUNetP 等编译器前端）将主流框架模型通过 TPU 编译器内核转换成 TPU 能够识别的模型格式——bmodel。然后，运行库读取 bmodel，将数据写入 TPU 供神经网络推理，随后读回 TPU 处理结果。此外，SGNNSDK 还允许 TPU 编程语言构建自定义上层算子和网络，TPU 内核接口在 TPU 设备上直接编程。利用 TPU 性能分析还可以对模型进行性能剖析。TPU 插件机制允许用户扩展前端与优化。SGNNSDK 工具链工作流程如图 5-1 所示。

算能 TPU 编译器内核作为张量编译器的内核，由编译器接口、内部建图、图信息推理、图结构优化 (前端)、umodel 输出、系数重排、子网划分、芯片相关优化、Local mem alloc 函数调用、后端指令生成、bmodel 输出、设备统一接口等多个内部模块组成，将前端解析的神经网络转换成设备上可运行的指令文件。

算能编译器接口为各种深度学习框架前端 TPUNetX 提供统一接口。内部建图是指通过统一接口，在 TPU 编译器内部生成与原始模型等价的图像表示，用于进一步处理。图信息推理是指 TPU 编译器内部有 Tensor 信息推理机制，能够将多维尺度、数据类型进行信息补全并提前进行数据推理。图结构优化（前端）在内部会对整个网络进行结构等价变换，例如，算子整合、公式等价、常量折叠等。umodel 输出是将内部的图输出成可读的模型文件，此时图是 PF32 的模型，可使用量化工具量化生成 INT8 模型。

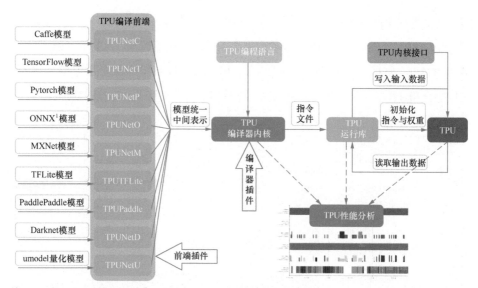

注：1. ONNX（Open Neural Network Exchange，开放神经网络交换）。

图 5-1 SGNNSDK 工具链工作流程

资料来源：算能科技

　　图结构变换（后端）在内部针对不同芯片的算子支持情况进行转换，实现进一步的等价变换。系数重排基于不同芯片对常量系数排列的不同要求，提前将网络的系数按照最优排列。通过划分子网，一些无法在 TPU 实现的算子可以通过 CPU 子网形式来切分出来，保证在运行过程中无感知切换。

　　芯片相关优化主要通过反复迭代，尽量将算子进行组合，形成一个大的通用算子，减少数据的输入输出，并形成流水指令排布，这样可大大提升芯片的利用率和运行性能。Local mem alloc 是将芯片的双倍数据速率（Double-Data-Rate，DDR）资源针对模型要求进行提前分配，为实际执行做好空间准备。在后端指令生成时，TPU 编译器会根据芯片的实际算子生成指令序列，在 bmodel 输出中保存成指令文件，保证格式和内容向后兼容。设备统一接口对各个设备的具体特性做了抽象，通过统一的方式为内部流程提供信息。TPU 编译器内核内部流程如图 5-2 所示。

　　以寒武纪为例，其提供的 MagicMind 是面向寒武纪思元系列设备的推理加速引擎。MagicMind 能将 TensorFlow、PyTorch 等深度学习框架训练好的算法模型转换为 MagicMind 统一计算图表示，并提供端到端的模型优化、代码生成，以及推理业务部署能力。MagicMind 可以提供高性能、灵活、易用的编程接口和配套工具，让用户能够专注于推理业务开发和部署本身，而不需要过多关注底层硬件细节。MagicMind 支持 FP16、FP32、INT8、INT16 等多种数据类型的混合精度推理，支持 Python 和 C++ 多语言 API，支持导入 Caffe、TensorFlow、PyTorch、ONNX 等深度学习框架模型，支持融合和逐层的性能分析和精度调试，支持用户自定义算子的开发和整合。

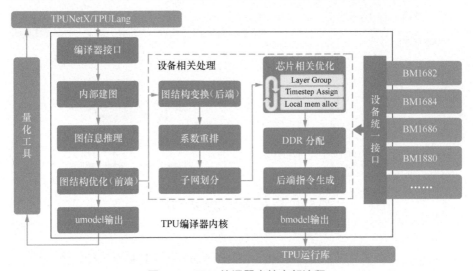

图 5-2　TPU 编译器内核内部流程

资料来源：算能科技

　　算力接口方面可以划分为 3 个部分，分别为平台 API、运行时 API 和内核编程语言。平台 API 作为宿主机与计算设备之间的桥梁，必须提供宿主机与计算设备之间的通信接口、上下文创建接口等。平台 API 提供函数，创建好上下文后，运行时 API 能够通过上下文功能，提供满足各类应用需求的函数。这是一个规模庞大且内容十分复杂的函数集。运行时 API 需要具有创建命令队列的功能。命令队列与设备相关联，而且同一上下文中可以同时存在多个活动的命令队列。在命令队列中，通过调用运行时 API 的接口，可以实现内存对象的定义、管理、释放等功能。另外，运行时 API 必须提供创建动态库所需要的程序对象的函数，以实现内核的定义。运行时 API 的函数必须提供命令队列交互的命令。内核编程语言为开发人员实现计算内核的定制化开发提供了途径，负责计算设备上的功能定义是异构计算加速效果的核心所在。

5.1.2　异构算力适配的挑战

　　异构算力适配通常是指一套连接了算法模型、硬件平台、操作系统和运行环境 4 个维度的核心软件栈。其对上呈现可扩展的应用程序接口或计算框架，以支持持续演进的算法模型，既有应用领域（例如，自然语言处理、图像识别、强化学习）的横向扩展，也有单一领域的纵向迭代；对下将应用负载中可加速的部分转换到各厂商提供的专用异构加速硬件平台上执行，GPU、DSA、FPGA、IPU、DPU 等硬件的加速能力和编程方式各不相同。异构算子适配层还需要支撑加速能力在不同的操作系统和运行环境中迁移，云端训练、边缘推理、超算中心的需求差异性是显而易见的。算法模型、硬件平台、操作系统和运行环境 4 个维度的多样性和正交性使异构算力适配层在异构算力的应用推广上起着至关重要的作用，同时也导致极高的设计与实现复杂度。

智能计算中心的异构算力适配功能要求智能计算中心操作系统可以对异构算力资源进行抽象，为上层应用屏蔽底层算力的差异化，使用户更关注上层业务代码的开发，而不需要关注底层差异性资源的申请和调度，通过统一的接口和用户端来实现异构算力资源的抽象。

从上层业务层面看，异构算力适配功能的目标是基于全局资源管理定义算力资源抽象，将异构加速算力形成统一资源池，并通过 API 等方式提供给上层业务系统。上层业务系统通过任务请求等方式实现资源调用，并且通过算力集群调度的方式将任务请求下发到指定的算力节点或指定的算力加速卡上进行任务执行。采用异构算力资源抽象能够屏蔽底层算力的差异性，并且上层开发者不需要关心算力具体部署在哪个集群的哪个节点上。而对于新增加的算力类型能够快速同步更新到上层开发环境中，从而缩短了新算力上线到用户应用的使用周期，可以更好地为智能计算中心用户服务。

各个算力芯片供应商提供的编程模型是适配层的基础，最典型的参考是英伟达的 CUDA 库。CUDA 库定义了抽象异构加速平台和编程方式，整个异构计算加速开发套件接口是围绕编程模型设计实现的。编程模型范畴包括但不限于存储模型、地址空间模型、执行模型、同步模型、一致性模型。存储模型是抽象异构加速平台的存储、缓存设计层级、可见性、共享范围。地址空间模型是地址空间布局、区域属性、寻址模式。执行模型包括主机程序、计算核等抽象执行引擎、队列、流、图等执行单元，可用于跨引擎调用规约。同步模型可实现跨设备同步、跨引擎同步、一对一 / 多对多同步、事件驱动同步。一致性模型是一种保序访问、乱序访问、弱一致性的模型。

异构编程模型要解决的第一个核心问题是契合用户。良好的编程模型设计基于现有的相应技术领域的软件编程做有限增量式扩展，或实现应用程序源码复用级兼容。但由于异构加速硬件体系架构存在巨大差异，将传统的编程模式映射到新的架构上需要极其复杂的软件栈适配工程，并且需要损失一部分性能和泛用性，因此，这常常是一个在多项目标中取舍达到平衡而不存在完美的异构编程模型。

异构编程模型要解决的第二个核心问题是为用户提供长期、稳定、通用的异构加速编程接口。这既要求编程接口在不同版本中的前后向兼容性，也要求对各厂商新硬件支持的扩展性。合适的编程模型语义层级选择可以让其支持跨业务领域的扩展能力。然而与第一个核心问题的不同在于，第二个核心问题的解决方案缺乏现有参考，需要对业务发展有很好的预见性。

异构编程模型要解决的第三个核心问题是提供简单、直观、通用的计算并行描述并为其提供有效的分析处理方法。如前文所述，异构计算的一个重要特点是在特定的计算模板下，使用空间的并行置换时间来获取性能效率的提升。对计算并行描述的已有通用方法包括多线程模型、循环并行度挖掘、单程序多数据（Single Program Multiple Data，SPMD）、多程序多数据（Multiple Program Multiple Data，MPMD）、单指令多数据、单指令多线程等。

编程模型是异构算力适配层软件栈中最为重要的部分之一，然而目前国内各个 AI 加速芯片厂商提供的编程模型并未统一，这给业务侧带来极大不便，模型工程师不得不花费大量精力学习与实践智能计算中心中各家算力芯片厂商的编程模型，用户购买了硬件却不能用的困境直接影响了异构芯片的规模落地。

5.1.3 智能计算中心异构算力适配架构

华为硬件开发套件架构如图 5-3 所示，寒武纪硬件开发套件架构如图 5-4 所示。对比华为和寒武纪的硬件开发套件架构图我们可以发现，这两种架构的内部组件尽管名称不同，例如，华为称神经网络算子库为 CANN，寒武纪称神经网络算子库为 CNML，华为称运行时库为 CANN-RUNTIME，寒武纪称运行时库为 CNRT，但是这两家公司的硬件开发套件的整体分层是一致的。这种一致性就成为智能计算中心操作系统对用户提供统一异构兼容操作界面的基础。

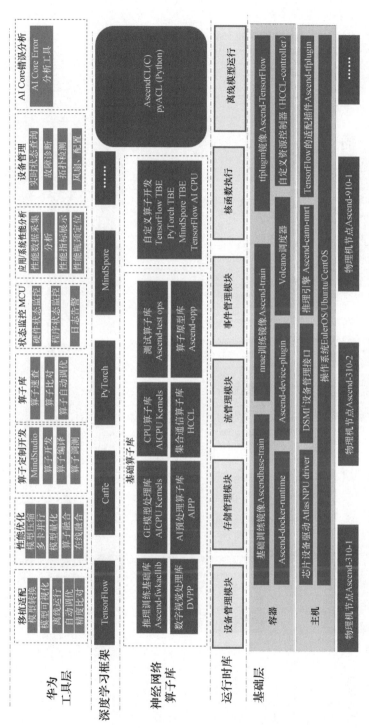

图 5–3　华为硬件开发套件架构

注：1. DSMI 是指华为 DSMI（Device System Manage Interface），管理昇腾 AI 处理器的接口，包括设备管理接口、配置管理接口、软件升级接口、昇腾 AI 处理器复位启动接口。

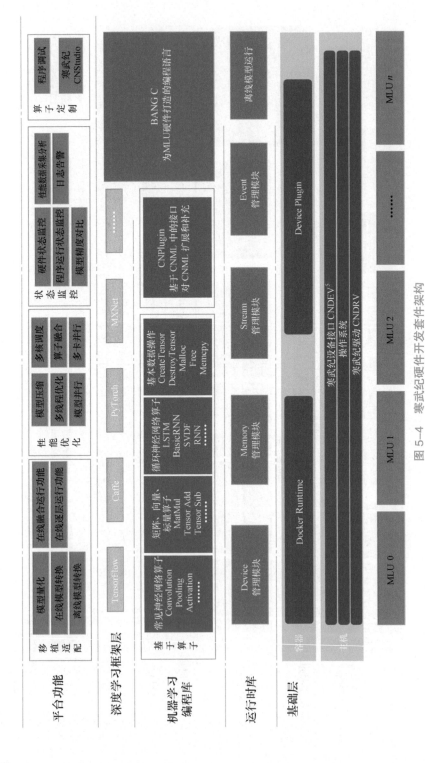

图 5-4 寒武纪硬件开发套件架构

智能计算中心异构算力兼容软件栈可分解为 4 层架构，供研究人员、开发者、厂商在不同层面设计开发自己的方案以解决维度正交产生的具体问题，这 4 层架构和其常规用途具体描述如下。

- 模型框架适配层：屏蔽异构加速逻辑实现细节，适配特定加速硬件架构的算法模型编程框架，抽象算法计算语义，适配不同的应用场景。由各个芯片厂商按照智能计算中心算力规范提供专门为特定硬件定制优化过的业界主流模型框架。

- 智能计算中心操作系统适配层：是由智能计算中心操作系统给研发人员提供的操作界面用户层统一视图，包括集成开发环境统一操作界面、异构模型移植操作界面、异构模型调优操作界面、异构算子适配操作界面、异构推理性能调优操作界面、异构性能分析操作界面等。

- 异构加速开发套件层：是由芯片厂商提供的符合智能计算中心规范要求的、适配特定领域加速应用的编程工具套件，简化、同化、优化异构加速编程。

- 异构加速系统软件层：由芯片厂商提供的，直接在各 AI 加速服务器上安装部署的软件堆栈，包括驱动、定制化的 K8s 容器环境等。

5.1.4　智能计算中心异构算力接入统一要求

智能计算中心操作系统硬件开发堆栈如图 5-5 所示。为了与操作系统兼容，智能计算中心要求加速芯片厂商按照图 5-5 提供特定硬件开发堆栈。随着国产 AI 芯片逐渐扩大市场占有率，除了顶层架构，具体加速库的 API 也将趋于一致。

此外，智能计算中心在部署异构算力时，要求底层硬件提供商能够提供标准化的硬件适配标准接口，主要包括设备管理、内存管理、图分析优化、算子内核实现、执行调度、应用层接口。

标准化的接入机制要求智能计算中心提供兼容性测试套件或工具、评价标准。测试套件包括各种脚本、测试用例。其中，测试用例包括算子、模型和代码覆盖率。在硬件适配完成后，技术人员需要快速评估智能计算中心操作系统对硬件的支持能力。这种能力包括支持的算子和模型数量。其中，模型包括性能（时延、吞吐）、精度、内存使用情况等数据。

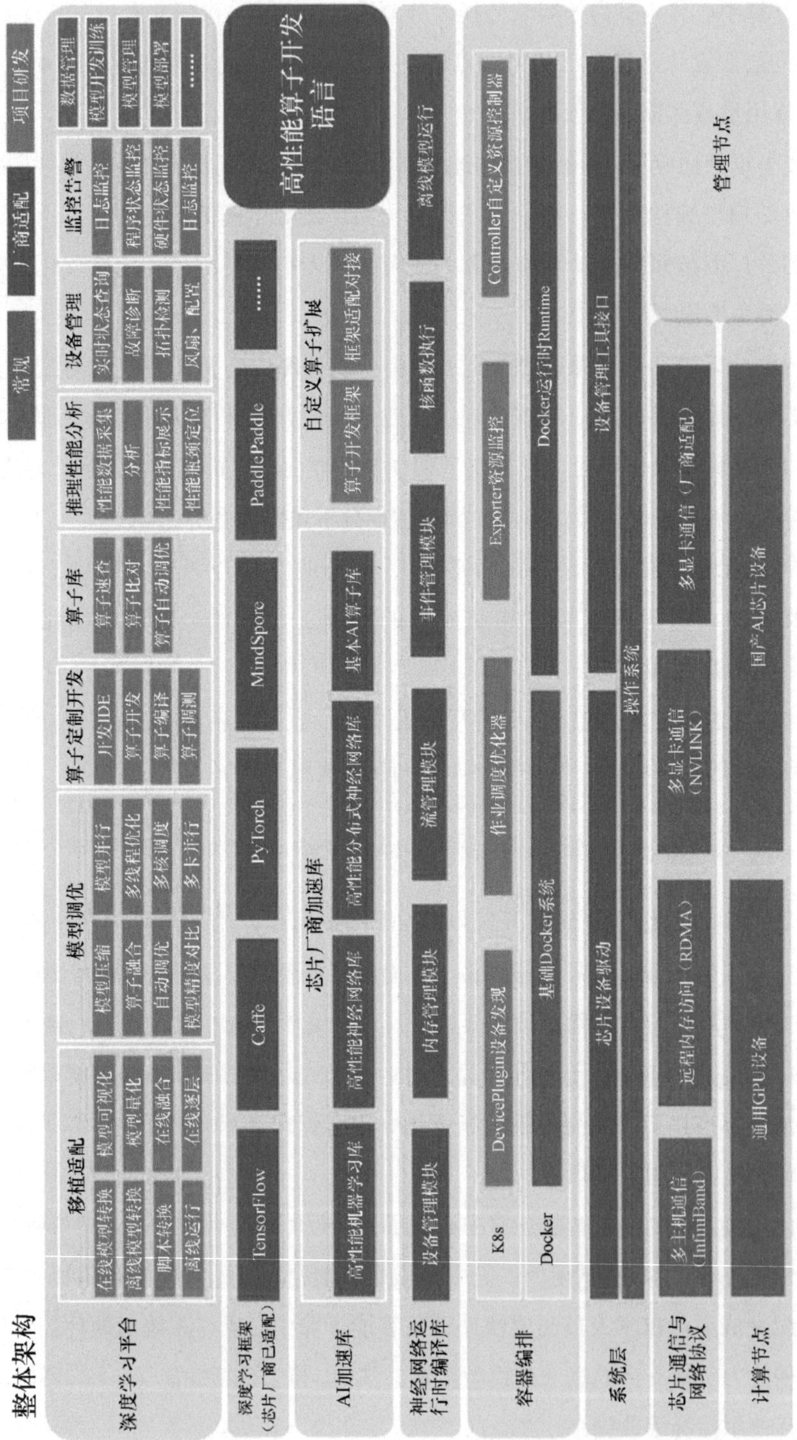

图 5-5　智能计算中心操作系统硬件开发堆栈

资料来源：百度 & 中国电信

5.2　硬件开发套件架构

各个芯片厂商提供的硬件开发套件是承接计算负载从框架到异构算力硬件进行加速的关键软件层，通常由算子库、编译系统、运行时库、开发工具等部分组成，也是智能计算中心操作系统适配层依赖的基础组件集合。

算子库帮助相应的算力硬件实现高性能计算，例如，深度学习加速库、图形图像加速库、多媒体加速库和数学计算库等。基于这些高性能算子库，计算负载得以最大限度地发挥硬件算力，是算力硬件性能指标的关键保障。编译系统是编程模型的实例化。编译系统通常为算法应用提供特定的编程语言和语法，然后将按照该语法编写的程序进行解析和优化，最终转换为算力硬件可以理解的二进制代码。编译系统与算力硬件的计算体系结构高度相关，它决定了算子库等算力系统软件开发的可编程性、开发效率和实际性能，这也是异构计算软硬件协同设计最为复杂的部分。不同于算子库集中处理计算加速，算子库在运行时为应用开发提供控制接口、资源管理和同步机制，为 CPU 和异构设备协同工作提供服务。以调试器、性能分析工具为代表的开发工具软件服务整个算力适配层的功能调试、性能调优和快速部署。

5.2.1　华为

华为的 CANN 拥有昇腾统一编程接口 AscendCL API、两种张量加速引擎（Tensor Boost Engine，TBE）算子开发模式，以及 Plugin 适配、图融合接口开放、Ascend-IR 接口开放、预置算子库源码开放四大开放设计。其神经网络是以算子组成不同应用功能的网络结构。这些不同的模块全部对外开放，支持第三方框架、自定义算子融合、自定义模型、自定义修改算子。所有底层资源均通过专为深度学习设计和优化的 AscendCL API 对外开放。AscendCL API 将算子调用 API 归一化，支持全系列昇腾芯片。一套应用代码可以在不同芯片上运行，从而有效简化编程难度，为神经网络提供高效算力支撑。另外，AscendCL API 还保持后向兼容，现在编写的代码也支持在未来推出的华为昇腾芯片上运行，确保应用软件的可用性。AscendCL API 如图 5-6 所示。

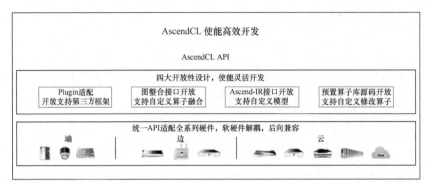

图 5-6　AscendCL API

资料来源：华为

考虑到不同开发者的需求差异，华为 CANN 提供数字订阅者线路（Digital Subscriber Line，DSL）和张量迭代核（Tensor Iterator Kernel，TIK）两种 TBE 算子开发模式，以兼顾对效率和灵活性的不同需求。其中，TBE-DSL 面向入门开发者，可自动实现数据切分和调度，可覆盖 70% 的算子，与业界评价水平相比，算子开发时间缩短了 70%，开发者只须关注计算实现表达。TBE-TIK 则面向高级开发者，提供指令级编程和调优过程，可覆盖全部算子，需要由开发者手动完成指令集调用过程，兼具灵活性和高性能。CANN 3.0 四大开放设计如图 5-7 所示。

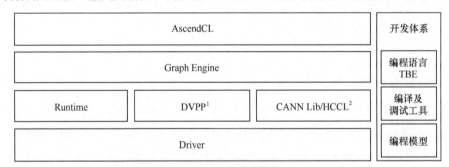

注：1. DVPP是Ascend 310芯片提供的图像预处理硬件加速模块。
　　2. HCCL是华为的集合通信库。

图 5-7　CANN 3.0 四大开放设计

资料来源：华为

CANN 具备亲和昇腾的图编译技术，可有效提升图优化效率，最大化发挥芯片算力。神经网络可被看作一张张图，过去的图大部分在 host CPU 执行，现在昇腾的图编译器可以实现整图下沉执行，图和算子均可在设备侧执行，减少了芯片与 host CPU 的交互时间，从而更充分地发挥昇腾芯片的算力。图拆分和图融合通过自动算子融合等将大量节点自动拆分、融合，以减少计算节点和计算时间，持续保持计算资源的高强度运行。数据管道智能优化极大地提升了数据资源的处理效率，通过计算数据智能切分与智能分配流水机制，实现单指令计算单元的最高使用率，并持续保持计算资源高强度运行。目前，CANN提供 1000 余个深度优化的硬件亲和算子，支持多框架共用，且自适应全系列昇腾芯片，可实现最佳运行性能。CANN 亲和昇腾的图编译技术如图 5-8 所示。

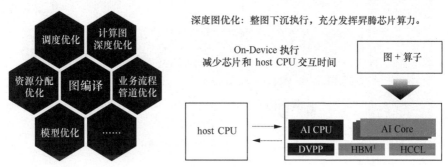

注：1. HBM（High Bandwidth Memory，高带宽存储器）。

图 5-8　CANN 亲和昇腾的图编译技术

资料来源：华为

　　华为昇腾还提供了用于优化模型训练、推理性能的工具，这些工具调用了CANN 底层的能力来做亲和网络。例如，昇腾训练加速工具利用独有的 Less BN（智能识别网络中不必要的 BN 算子）和随机冻结算法大幅提升模型训练效率，可将ResNet 模型训练的吞吐量提高 25.6%。昇腾模型压缩工具利用独有的智能算法加速推理进程，可将 Yolo V3 模型推理速度提高 47.2%。训练、推理全流程加速如图 5-9所示。

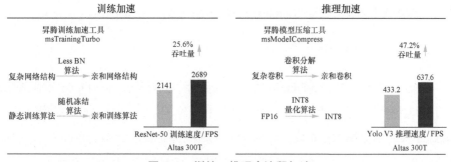

图 5-9　训练、推理全流程加速

资料来源：华为

5.2.2 寒武纪

寒武纪推出了 Neuware 训练软件栈实现训练和推理一体，提升了开发部署的效率，降低了用户的学习成本、开发成本和运营成本。Neuware 训练软件栈如图 5-10 所示。

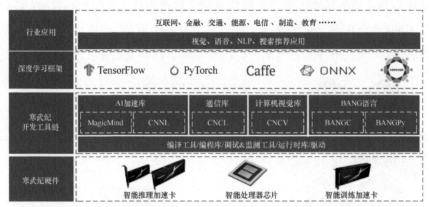

图 5-10 Neuware 训练软件栈

资料来源：寒武纪

Neuware 训练软件栈的主要组成部分包含 TensorFlow、PyTorch、Caffe、ONNX 等主流深度学习框架，AI 训练推理计算加速库 CNNL、AI 推理引擎 MagicMind、寒武纪通信库（Cambricon Neuware Communications Library，CNCL）、寒武纪计算机视觉库（Cambricon Neuware Compute Vision Library，简称 CNCV）、编程开发语言 BANG 语言和寒武纪运行时库（Cambricon Neuware Runtime Library，简称 CNRT）等。另外，Neuware 训练软件栈还包含丰富的开发工具，包括集成开发环境（Integrated Development Environment，IDE）CNStudio、寒武纪硬件监测器工具（Cambricon Neuware Monitor，CNMon）、寒武纪性能分析工具（Cambricon Neuware Performance，CNPerf）、寒武纪 BANG 语言调试工具（Cambricon Neuware GDB，CNGDB）等。

5.2.3 燧原科技

燧原科技目前支持 TopsPrimo 和 TopsFactor 两种编程模型。TopsPrimo 类似 Halide（简化图像处理的语言）操作，可分离数据流和计算，以 tile/untile 推断自动数据流，map/join/reduce 等操作推断数据计算维度关系。TopsFactor 比 TopsPrimo 语义层级更低，以 load/store/affine loop 显式定义数据流。燧原科技对应软件栈 TopsRider 实现架构如图 5-11 所示。

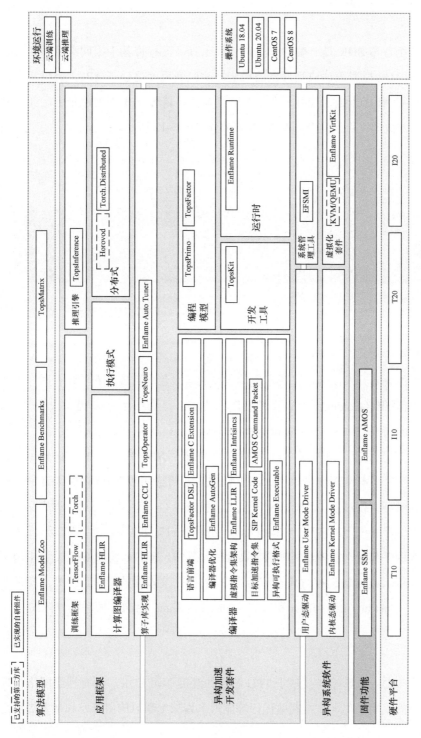

图 5-11　燧原科技对应软件栈 TopsRider 实现架构

资料来源：燧原科技

119

5.2.4　百度

百度昆仑芯 SDK 是一套端到端的软件工具，支持将基于不同深度学习框架训练出来的 AI 模型表达成高层次的描述并映射到百度昆仑芯 API 上，以实现在百度昆仑芯 AI 加速卡上运行。该工具简便易用，降低了不同硬件平台之间软件转换适配的成本。百度昆仑芯 SDK 组成部分如图 5-12 所示。

AI 应用（AI 开发者）		
深度学习框架	AI 能力引擎 & 应用程序	
模型导入	模型构建 API	用户自定义算子
昆仑芯 计算图中间表示（IR）& 优化		
昆仑芯运行时&编译器		
昆仑芯驱动		
操作系统		
CPU	百度昆仑芯AI 加速卡 K100/K200	

图 5-12　百度昆仑芯 SDK 组成部分

资料来源：百度

百度昆仑芯开发所需的工具和驱动程序的集合包含百度昆仑芯运行时（Runtime）、编译器（Compiler）及示例工程。其中，昆仑芯运行时提供设备切换、xpu_malloc、xpu_free、xpu_memcpy 等设备管理接口及高级 Launch（发射）方式。

昆仑芯开发者工具组件 XPU 张量开发工具（XPU Tensor Development Kit，XTDK）包含基本编译器模块和 XJITC 模块，它将应用程序在 XPU 语言中编译为可执行或可加载对象。XPUC++ 语言是一种兼容 C++ 语言，可用于程序在百度昆仑芯上运行的代码。它基于 Clang 8.0.1 支持 C++17 及以下标准。XTDK 还提供一些示例程序帮助开发者学习理解工具套件。其中，XJITC 将在 C++ 工程中调用编译器功能，是连接运行时库及应用程序和 XPU 编译器的接口。另外，编译器支持即时（Just In Time，JIT）和提前（Ahead of Time，AoT）两种构建模式。

5.2.5　算能科技

SGNNSDK 是算能科技基于 TPU 芯片的深度学习 SDK，具有神经网络推理阶段所需的模型优化、支持高效运行等能力，为深度学习应用开发和部署提供易用、高效的全栈式解决方案。

SGNNSDK 的工具链整体架构由 Compiler 和 Runtime 两个部分组成。Compiler 负责对各种主流深度神经网络模型（例如，Caffe model、Tensorflow model 等）进行编译和优化。Runtime 向下屏蔽底层硬件实现细节，驱动 TPU 芯片，向上为应用程序提供统一的可编程接口，既提供神经网络推理功能，又提供对 DNN 和 CV 算法的加速。SGNNSDK 工具链的整体架构如图 5-13 所示。

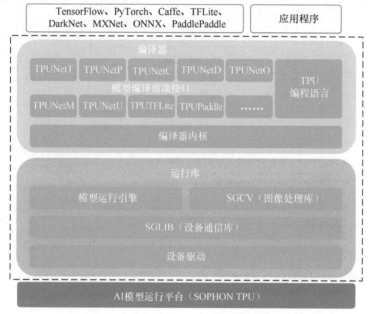

图 5-13 SGNNSDK 工具链的整体架构

资料来源：算能科技

SGNNSDK 工具链包括 TPUNetX、TPU Lang、TPU Kernel、TPU Quantizer、TPU Compiler Core、TPU Plugin、TPU Runtime、TPU Profiler 等多个相关组件。TPUNetX 是 AI 工具链前端，可以支持当前主流的深度学习框架；TPULang 是张量编程语言，可为用户提供与设备无关的深度学习算子开发语言；TPUKernel 是底层张量编程语言，为用户提供可以直接在设备上编程的方法；TPUQuantizer 是自主开发的模型量化工具；TPUCompilerCore 是张量编译器内核，可用于将前端解析的神经网络转换成设备上可运行的指令文件；TPUPlugin 是插件工具，用户可通过插件方式，对大部分组件进行扩展；TPURuntime 在异构运行时，提供指令文件运行接口；TPUProfiler 是诊断分析工具，可分析 TPU 运行时的瓶颈，辅助网络优化。SGNNSDK 的相关组件如图 5-14 所示。

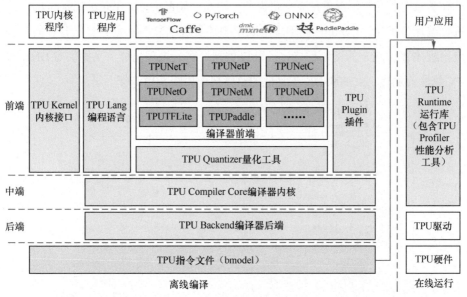

图 5-14　SGNNSDK 的相关组件

资料来源：算能科技

5.3　模型开发框架适配层

模型开发框架是为提高算法模型开发者的编程效率而设计的，提供了丰富的编程接口和运行方式。在机器学习领域，框架需要适配的业务场景可以分为模型训练和推理。当前具有代表性的训练适配框架有 TensorFlow、PyTorch、ONNX、Caffe 等。

不同框架训练的模型结构有很大不同，例如，Caffe、Theano 和 TensorFlow 使用静态图，而 PyTorch、Chainer 等框架使用动态图。这种区别使在某一框架下训练的模型难以在另一个框架下加载和使用，而重新搭建并训练模型会对 AI 模型训练和部署造成极大的资源浪费和时间浪费。训练框架强调泛用性和高吞吐量，它们同时也支持推理业务，但通常推理应用场景下系统的可用资源更少，对响应时延要求极高，随即市场出现了一批专门的推理适配引擎，具有代表性的有 TensorRT、TensorFlow Lite（TFLite）、MNN 等。因此，开发者需要将各框架下训练出的模型转化为一种统一的中间格式，以实现算法和模型在不同框架之间的迁移。

虽然训练框架和推理引擎在优化侧重上彼此的重点不同，但它们要解决的共性问题为对计算的描述、优化和执行。其中，描述和优化通常由计算图编译器完成，执行功能则由框架所支持的执行模式决定。

5.3.1　模型开发框架

异构算力模型开发框架的最终目的是使用统一的模型开发框架，实现只编写一套代码，即可在不同厂商的不同硬件体系结构的算力设备上进行部署。但由于各异构算力体系结构差异巨大，所以各厂商针对自己旗下的产品，分别提出了异构算力模型开发框架，将其他模型开发框架适配至此，即可将一套代码共享至其他公司的算力设备上。

在 AI 算力加速领域，ONNX 是各个芯片厂商支持的一种模型开发框架标准，当然支持并不等于在特定芯片上不需要调优。目前，国内并未形成统一的模型标准。

ONNX 作为一种表示机器学习模型的开放格式，为 AI 模型提供了一种标准格式，定义了可扩展的计算图模型，以及内置运算符和标准数据类型的定义。ONNX 设计的初衷是用于模型推理。ONNX 使用图的序列化格式使其具备可移植特性。ONNX 包含可扩展计算图模型、标准数据类型、内置运算符 3 个部分。ONNX 的顶层是模型结构，模型结构实现了元数据与图的关联。元数据提供了涵盖执行模型、生成日志、错误报告等的功能信息，并包含了给定模型的目的和特征。ONNX 模型中需要包含运算符集，图中使用的每个运算符必须由模型导入的一个运算符集明确声明。ONNX 用于模型推理时的适配框架如图 5-15 所示，ONNX 接入第三方框架如图 5-16 所示。

例如，寒武纪把 TensorFlow、PyTorch、Caffe 和 ONNX 等深度学习框架集成了寒武纪软件栈，扩展了框架的社区版本对思元系列设备的支持，同时屏蔽硬件的细节，允许用户使用原生深度学习框架 API 进行深度学习模型训练和推理的开发。用户在使用原生深度学习框架 API 进行开发、部署时，可以获得与使用 CPU、GPU 一致的体验。寒武纪系列深度学习框架基于底层算子库在思元系列板卡后端实现了多样的神经网络操作。

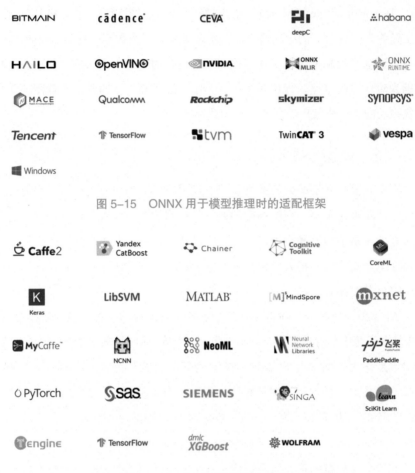

图 5-15　ONNX 用于模型推理时的适配框架

图 5-16　ONNX 接入第三方框架

常见的异构算力基础库有 CUDA、OpenCL、CANN、Neuware 等。其中，OpenCL 的跨平台性和通用性最强，在学术和工业界受到广泛青睐。OpenCL 支持包括 ATI、莫伟达、英特尔、ARM 在内的多类处理器，并支持运行在 CPU 上的并行代码，同时还独有任务并行模式，保证了异构算力的发挥。而 CUDA 仅支持数据级并行，并仅能在英伟达众核处理器上运行，无法实现跨平台使用。CANN、Neuware 等与 CUDA 类似，仅支持华为、寒武纪的异构算力，不能实现跨平台和通用。

在 FPGA 领域，OpenCL 成为各个 FPGA 芯片厂商要支持的事实标准。OpenCL 框架结构如图 5-17 所示。图 5-17 展示了以 FPGA 作为计算设备的 OpenCL 框架，主要的 FPGA 厂商（例如，英特尔、Xilinx）均对 OpenCL 模型开

发框架有了很好的支持。其中，英特尔将 OpenCL 框架集成到 OneAPI 中，Xilinx
将 OpenCL 集成到 Vitis 中。

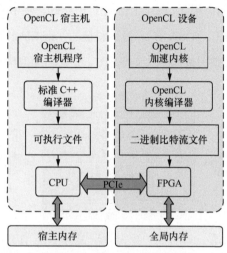

图 5-17　OpenCL 框架结构

资料来源：中国电信

FPGA 在 OpenCL 框架下属于计算设备，用于实现计算密集的算法，例如，
深度神经网络中的卷积计算。计算设备上的算法首先通过内核编程语言，即
OpenCL 代码，以加速内核（Kernel）的方式进行定义，随后通过 FPGA 厂商的高
层次综合（High Level Synthesis，HLS）工具编译成电路，产生可供 FPGA 烧录
的二进制比特流文件，最终收录至目标 FPGA 设备中。

CPU 在 OpenCL 框架下称为宿主机，用于实现计算平台管理、上下文管理、
任务队列管理等流程的控制，同时负责数据从 DDR 内存到 FPGA 之间的传输控制。
宿主机使用供应商提供的特定 API 实现上述控制流程，并与设备端进行通信。在
具体设计中，用于执行非计算密集算法的软件功能通常在宿主机端实现。数据在
CPU 和 FPGA 之间通过 PCIe 总线实现高速传输。需要说明的是，在 OpenCL 框
架下，CPU 和 FPGA 可以异步执行独立的计算任务。

5.3.2　计算图编译器

以 TensorFlow 为代表的模型开发框架将算法模型映射为计算图，计算图通常
是有向无环图，节点表示算子（计算函数），边表示算子之间的依赖关系和执行顺

序。通过对计算图的分析和修改（替换、合并、插入子图）可以实现诸如算子融合、常量折叠、内存重用、量化混合精度计算等大量优化，其中，不乏传统编译器后端优化技术的应用。因此，市场上出现了很多深度学习专用计算图编译器（例如，XLA、TVM、MLIR-TOSA 等），燧原科技的 TopsRider 支持 XLA-HLO 后端，PaddlePaddle 以子图 / 整图接入方式支持 IPU。IPU 适配架构如图 5-18 所示。

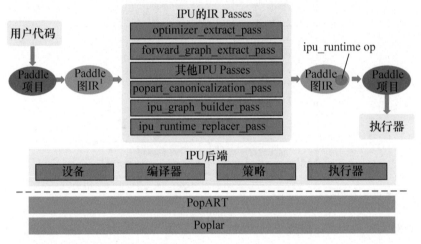

注：1. IR（Intermediate Representation，中间表示）。

图 5-18　IPU 适配架构

资料来源：PaddlePaddle

计算图编译器首先会定义以算子为粒度的计算中间表示（XLA HLO/TVM relay/MLIR TOSA），同时提供可扩展的优化框架实现上述标准图优化和用户自定义优化。目前，计算图编译器尚未形成行业标准，在数据类型支持、数据维度布局、算子抽象等方面都无法兼容和迁移。

标准语言扩展的前端对用户编程习惯比较友好，同时其图灵完备性可以受到母语的保障，例如，CUDA 和 OpenCL 是基于 C 语言进行扩展的。但有些体系架构下异构硬件支持的语义能力有限，这时前端可以选择领域专用语言，硬件指令集也可以替换为命令协议包从而大幅简化编译器设计实现。领域专用语言还可以内嵌其他语言（通常是主机编程语言），这样做有利于多异构目标平台的协同加速。

虽然虚拟指令集架构不是必需的，但它可以使编程模型的兼容性得到极大提升，降低异构多目标混合编程的实现难度，并提供更深层次的极限性能调优手段。最具代表性的虚拟指令集架构为 PTX 和 SPIRV。虚拟指令集架构下硬件资源可能被虚拟为无限的，物理硬件资源的分配和绑定可以在其转换到目标加速指令集的过程中完成。如前所述，目标加速指令集可以是简单的命令协议包，例如，一些数据转置切片加速硬件、编解码加速硬件等，也可以支持标量计算、控制跳转、向量计算和张量计算等。在复杂的编程模型下，一段前端语言代码或虚拟指令集架构汇编码可以转换为多个目标指令集的机器码，对应不同的异构加速设备或引擎来执行，编译器为它们生成相互之间跨目标的调用规约代码，或由运行库辅助处理。

编译器优化贯穿从前端语言到虚拟指令集架构，再到多目标加速指令集的全部过程，完成指令选择、数据类型匹配、指令调度、寄存器分配等基本功能，还可以实现多面体循环优化、自动向量化、自动张量化、后端固有功能扩展等。

由于产生的对象文件可能对应多个不同的目标指令集，所以需要扩展可执行文件格式将它们打包在一起，并配合运行时或硬件加载器完成其执行流程。

昆仑芯 SDK 通过计算图 IR 来表达深度学习模型。昆仑芯的图 IR 是基于 TVM 的图 IR 格式进行存储的，开发者可以通过模型导入接口直接将其他框架的模型转换为昆仑芯计算的图 IR，模型导入支持来自不同深度学习框架的模型输入。目前，昆仑芯已支持 C++ 方式导入 PaddlePaddle 模型和通过 Python 前端导入 TensorFlow、ONNX、PyTorch 或其他格式的模型。

开发者不仅可以导入模型，也可以利用模型构建 API 组建任意模型网络。昆仑芯 SDK 提供了丰富的 API 来调用预置高性能计算加速库，从而构建张量（Tensor）、算子（例如，Conv2D，Matmul2D），以及辅助构建网络 API（例如，BatchNorm）。用户自定义算子允许开发特定算子以便执行特定的计算任务。编译工具链可以辅助完成自定义算子的编译工作。在得到计算图 IR 后，昆仑芯 SDK 内建了一系列的图相关优化，例如，算子融合和部分评估等，以确保生成优化的代码。同时与昆仑芯高性能算子库紧密结合，可直接产生对已有优化算子的调用。

5.3.3　分布式计算

机器学习领域算法模型的超大数据规模和计算体量决定了模型开发框架必须在计算规模的线性扩展能力上给予充分的设计考量。模型开发框架需要能高效、简单、快速地将计算部署在跨设备、跨主机的众多计算节点上，并完成它们之间的协同控制和数据交换。一些框架例如 TensorFlow 支持原生的分布式计算，另外，模型开发框架良好的扩展性设计也使它们可以支持许多第三方分布式框架扩展（例如，Horovod）。

模型开发框架除了提供基本的分布式计算的部署、节点同步和数据规约、聚合、散列等能力，还需要提供对这些基础能力的使用策略的实现，即计算如何被拆解到众多节点上并行，同时保持计算等效。这个问题将贯穿异构计算适配的各个层面，因为异构计算的一个重要特点就是在特定的计算模板下使用空间的并行置换时间的延伸，以获取性能效率的提升。

在框架层面，通常包括数据并行、模型并行、模型流水 3 类策略。数据并行是指每个节点计算不同的数据批次。模型并行是每个节点持有模型权重的部分切片。模型流水则是每个节点执行模型计算图的组成部分。

以寒武纪为例，其提供的 CNCL 是面向思元系列产品设计的高性能通信库。CNCL 帮助应用开发者优化了基于 MLU 进行多机多卡的集合通信操作。为上层深度学习框架等软件提供了高效的通信操作。Cambricon TensorFlow 和 Cambricon PyTorch 等深度学习框架均完成了对 CNCL 的适配。CNCL 支持多种 MLU 处理芯片的互联技术，包括 PCIe、MLU-Link、RoCE[1]、InfiniBand Verbs 和 Sockets。CNCL 能够根据芯片的互联拓扑关系，自动选择最优的通信算法和数据传输路径，从而最大化地利用传输带宽完成不同的通信操作。

5.3.4 算子库

广义的算子库包含了一切基于开发套件编程模型实现的高级计算语义库。它可以简化框架后端扩展，复用计算实现，但是由于算子实现和框架计算图优化有一定的耦合性（例如，算子融合），许多模型开发框架会选择在后端独立实现算子库而非使用开发套件提供的算子库。算子库实现可以包含基础算子、融合算子、集合通信算子等，同时需要支持用户自定义算子实现的注册和管理。

算子库的本质是为了让上层框架中的计算流和控制流能够被高效映射到底层

---

1 RoCE 全称 RDMA over Converged Ethernet，是基于融合以太网的多址接入。RDMA 全称为 Remote Direct Memory Access，是远程直接存储器访问。

特定硬件模块上进行高效执行。同一个算子在不同的硬件平台上，会对应不同的算子实现方式，抽象的编程模型可以让算子的开发尽可能地屏蔽硬件差异，从而将算子库的开发转变成将计算流和控制流往高效的编程模型中映射。

算子库从计算特征上，可以分为算力敏感类算子、带宽敏感类算子和控制敏感类算子。算力敏感类算子往往是计算密集型算子，例如，卷积和矩阵相乘，数据复用度高，运算量大。通常，AI 加速芯片也会针对这一部分算子做针对性算力加速，这部分算子也是发挥硬件峰值性能的关键。带宽敏感类算子往往计算量不大，但是数据量很大，例如，数据拷贝算子。这部分算子在性能上依赖 AI 加速芯片的片上数据带宽，对于带宽敏感类算子占比比较大的网络，AI 加速芯片在设计中也会针对性地拓宽数据总线宽度。控制敏感类算子往往计算量和数据量都不大，但是控制流开销较大，例如，排序和循环控制算子。频繁的判断逻辑对 AI 加速芯片的控制开销敏感。上述算子分类并非绝对，有针对性的 AI 芯片架构设计可能会让一些原本是算力敏感类的算子转换成带宽敏感类算子，或者让原本带宽敏感的算子转换成算力敏感。

算子库从应用领域上，可以分为数学算子库、神经网络算子库、FFT[1] 算子库、HPC 算子库等。以神经网络算子库举例，比较知名的是 cuDNN[2] 算子库，它涵盖常见 DNN 中的算子，并提供高效的性能优化版本。

算子库从生成方式上，还可以分为 AoT 算子库和 JIT 算子库。AoT 算子库采用离线预先编译算子实现的方式，可以支持给定算子的任意形状组合，并比较方便地被框架集成。JIT 算子库采用即时编译的方式，根据当前编译算子的形状，实时生成对应的高效算子，这往往需要嵌入特定芯片对应的软件开发集成包。

一个优秀的算子库需要兼顾功能适配度和性能优化效率。功能适配度是指能够涵盖各种算子种类和算子形状，覆盖各种应用场景。性能优化效率是需要尽最大的可能发挥出 AI 硬件的性能。性能优化往往是无止境的，并与 AI 硬件架构设计和编程模型的设计息息相关。在越短的时间内，开发出功能适配度越广，性能越高效的算子库，能从侧面印证 AI 硬件架构和编程模型的成功。

1　FFT（Fast Fourier Transformation，离散傅氏变换的快速算法）。

2　cuDNN 是用于深度神经网络的 GPU 加速库，强调高性能、易用性和低内存开销。

以寒武纪为例，其神经网络计算库 CNNL 是基于寒武纪思元系列处理器并针对 DNN 训练和推理计算库。CNNL 针对 DNN 应用场景，提供了高度优化的常用算子，同时也为用户提供简洁、高效、通用、灵活并且可扩展的编程接口。CNNL 的设计过程充分考虑了易用性，以通用为基本设计原则，算子支持不同的数据布局、灵活的维度限制，以及多样的数据类型。CNNL 针对寒武纪的硬件架构特点优化算子，使算子具有最佳性能，并且尽最大的可能减少内存占用。另外，CNNL 提供包含资源管理的接口，满足用户多线程、多板卡的应用场景。

以百度为例，其可解释的深度神经网络（Explainable Deep Neural Network，xDNN）模块中会根据昆仑芯的硬件特点定义和实现元算子，再由元算子实现常用组成各类算法的深度学习算子，例如，equal、Conv2D、Matmul 等。也包括基础的张量运算类算子，例如，cast、mean、elementwise（add、div、floordiv、max、min、mod、mul、pow、sub）等。

5.4　操作系统异构适配层

异构适配层是智能计算中心操作系统的核心功能，其通过 API 对接，调用各个芯片厂商提供的硬件开发堆栈的各层的工具集，在业务层面为用户提供统一的操作视图，屏蔽了底层硬件的差异性，以网页形式提供服务。

5.4.1　集成开发环境统一的操作界面

主流的加速芯片厂商从提升开发效率的角度考虑，提供图形化的 IDE，此类 IDE 是智能计算中心模型研发用户重度依赖的工具，智能计算中心的统一集成开发环境产品也是以此为基础。下面以华为和寒武纪为例分别讲解。

MindStudio 是一套基于华为自研昇腾 AI 计算处理器开发的 AI 全栈开发工具平台，包括网络模型移植、应用开发、推理运行及自定义算子开发等功能。技术人员通过 MindStudio 进行工程管理、编译、调试、运行、性能分析等全流程开发，提高开发效率。MindStudio 提供了一套简单易用的一站式开发工具，可高效完成端到端全场景开发，让开发者从算子开发、模型训练、模型推理、应用开发到应用部署的全流程用一套工具全部实现，不需要在不同工具上完成，有效降低开发门槛。

寒武纪的CNStudio是基于VSCode（Visual Studio Code）的IDE编程插件，利用VSCode强大的编辑功能和可视化操作，使基于思元系列产品的编写更加方便。CNStudio目前提供的主要功能包含语法高亮、自动补全、与CNGDB（寒武纪编程语言调试工具）整合提供程序调试。

中国电信的智能计算中心跨芯片集成开发环境为用户提供一个在CPU资源池上运行的可通过浏览器访问的X桌面，用户可以在此桌面打开和访问不同芯片厂商提供的远程IDE，IDE的容器化调度由智能计算中心操作系统根据用户资源配额和权限进行自动控制。

5.4.2　异构模型移植操作界面

异构适配层应提供异构模型移植操作Web界面，实现在线模型适配和展示模型精度对比分析。以真实值和实际值作为输入，可以纵向得到模型精度变化，并支持修改超参数后的横向精度对比。在进行模型调参时，AI加速卡支持分步骤提升模型精度。

该界面应支持模型量化功能：支持用户对模型进行INT8量化和FP16量化；支持用户选择部分层采用高精度计算；支持用户在一个模型中同时支持INT8和FP16精度；支持输入量化和按通道对权值量化；支持量化前后精度比对。

该界面应支持模型可视化功能：支持展示转换前后的模型拓扑结构；支持用户查看拓扑结构中的某一层的算子的详情，例如，名字、类型、权重、输入和输出；支持模型转换过程中对于适配不成功的算子为高亮可视。

该界面应支持在线逐层与在线融合：在线逐层即支持用户逐层推理模型并保存模型结果；在线融合即支持转换模型过程中对其中的一些层进行融合，支持全局最优融合策略，支持保存融合信息保存，支持融合算子结果与逐层算子结果比对。

该界面应支持可视化离线模型生成过程分析与离线运行结果展示：离线模型执行器支持脱离神经网络框架，直接调用底层高性能算法库，提升算法的执行效率。

异构模型移植操作界面如图5-19所示。

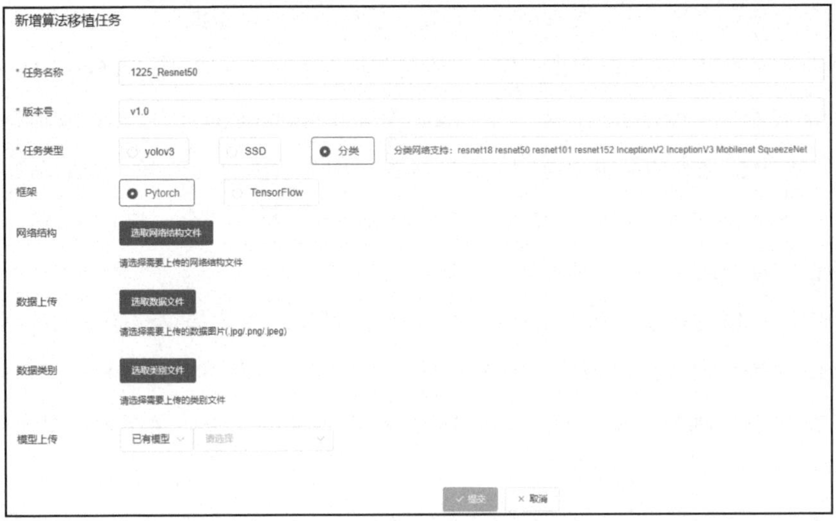

图 5-19　异构模型移植操作界面

5.4.3　异构模型调优操作界面

异构算力移植适配成功后，性能有时仍存在一定的差距，因此还需要异构适配层支持模型压缩、多核调度、算子融合及并行执行，将适配后的算法性能进一步优化。

该界面应支持在 Web 页面对模型压缩过程进行可视化展示。模型压缩器至少支持剪枝、蒸馏、权重共享等方式缩小模型尺寸，减少模型所占用的存储空间，加速模型运行。

该界面应支持算子融合，支持在 Web 页面对算子融合过程进行 3D 可视化展示。算子融合算法至少要支持广度优先、深度优先两种算法。算子融合支持将原模型中的多个算子通过组合形成一个大算子，从而对网络结构进行简化，消除不必要的中间结果，减少 CPU 与芯片之间频繁的数据拷贝。算法移植适配后，为进一步优化计算图的执行，需要支持将算子进行融合。

该界面应支持模型并行和多卡并行功能。模型并行功能可提供模型并行执行器，为解决单个模型太过复杂、庞大且运行时效率太低的问题，模型并行能够将单个模型拆分到不同的芯片上，同时将模型的不同子网放置到不同的 AI 芯片上。多卡并行功能可提供多卡并行执行器，单个芯片无法承载所有算法的运行，需要在多个芯片上运行模型。该界面至少支持 Horovod、TensorFlow、PyTorch，至少支持单机多卡及多机多卡两种方式。异构模型调优操作界面如图 5-20 所示。

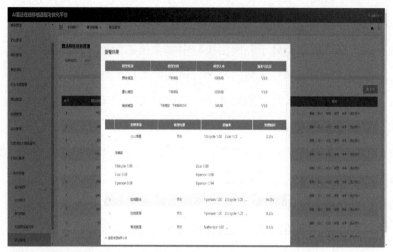

图 5-20　异构模型调优操作界面

5.4.4　异构算子适配操作界面

异构算子适配操作界面应提供算子适配生成器功能，支持算子库中的算子适配，支持进行算子的定制化开发，从而支持最新的网络模型适配。异构算子适配操作界面如图 5-21 所示。

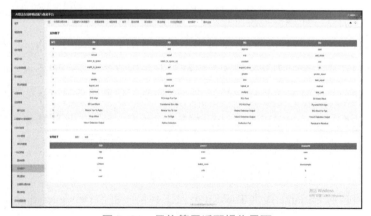

图 5-21　异构算子适配操作界面

在算子层面上，该界面至少提供 abs、add、argmax、cast、concat、equal、exp 等不少于 200 个底层算子。

5.4.5　异构性能分析与调优操作界面

智能计算中心操作系统应提供异构性能分析与可视化调优操作界面，基于芯片供应商提供的工具，提供统一的性能数据采集及剖析界面。

该界面支持分析每个算子、网络模型中每个层的运行。该界面支持显示调用函数的累计执行时间、调用函数的次数、调用函数的名称、调用函数的执行时间点、板卡号、各端口写入数据的吞吐量、各端口读取数据的吞吐量、逻辑链路控制子层（Logical Link Control，LLC）的命中次数、LLC 的失败命中次数、运算核心发起的写入请求、运算核心发起的读取请求、乘法累加指令的执行次数、矢量计算指令的执行次数、保持标量计算指令的执行次数、计算单元写入 DDR 数据的数量、计算单元读取 DDR 数据的数量、函数内存拷贝速度、函数内存拷贝大小、芯片图像单元利用率、芯片视频单元利用率、当前硬件上统计到的读写数据量、LLC 每次刷新的增量信息、LLC 总的增量信息、向量运算计算的周期（Cycle）数、卷积运算计算的 Cycle 数等硬件状态的字段。该界面支持将性能分析结果通过 Web 页面进行展示。

性能剖析工具应包含调试器、性能采样工具、后处理分析工具和开发环境套件，它们的易用性是限制异构算力应用的关键因素之一。首先，异构系统下的程序执行通常为多目标异步并发，因此调试器需要能同时衔接多个目标代码的执行过程，并在所有目标代码上支持开发人员所熟悉的断点、上下文信息获取、源码和汇编码级单步调试、栈帧获取等常用功能，这是极具挑战的。其次，异构算力加速的用户花费大量精力开发适配，性能提升是用户最为关心的要素，因此对性能的采样和分析工具需求是极致的，有时它们需要精准地反映目标体系架构下的硬件执行的全时序过程，而不仅仅是统计采样数据。最后，这些功能需要被整合到用户的开发环境中以提升研发效率。

芯片厂商提供的性能分析与调优工具举例如下。

燧原科技的 Enflame 提供 TopsKit 开发工具包，包含 Debugger 和 Profiler。

寒武纪的 CNMon（硬件监测工具）通过调用寒武纪设备接口获取底层硬件信息。CNMon 不仅可以采集底层硬件信息，还可以实时获取上层软件对硬件资源的开销，为用户实时显示当前底层硬件的详细信息和状态。

寒武纪的 CNPerf（性能剖析工具）是针对用户层开发的性能剖析工具，它以性能事件为基础，可用于寒武纪产品上程序性能瓶颈查找和热点函数定位。CNPerf 支持的功能包括获取用户程序运行中的函数调用信息、设备性能数据信息、可视化网络性能信息等。

寒武纪 CNGDB 是运行在 Linux 上的软件调试工具，是基于开源组织 GNU 的开源项目 GDB 的二次开发。该工具能够控制运行在寒武纪硬件上的程序，提供监视程序运行状态及获取、修改程序中间运行结果的功能，可以减轻用户开发过程中的调试负担，提高开发效率。CNGDB 支持常用 GDB 调试命令在思元系列处理器上的使用，支持异构混合程序的调试，支持思元系列芯片并行程序的调试。

第六章
智能计算中心异构算力调度网络

6.1 异构算力远程调用需求

在工程实践中，技术人员发现异构加速算力机房过度下沉是不经济的规划。算力机房与其在边缘建设，不如通过新一代大带宽、低时延的距离 40km 以上的长距离无损网络把普通机房与算力机房连接起来，进行远程算力直接调用，从而避免传统的把数据先搬到算力机房的低效率方案。

算力资源虚拟化、池化是指将我们实现异构算力的服务器、存储、网络等做成一个虚拟的资源池，上层应用所需的算力资源通过 API 在资源池进行抓取，并实现虚拟资源池到物理资源池的映射。在共享的、多租户的异构算力集群上进行模型训练，仿佛发生在私有集群上一样。在不影响业务调度和使用的情况下，大大降低了物理资源池的边界效应。

异构算力资源池形成之后，可以满足各类资源需求的本地供应和远程供应，形成全局异构算力资源池，避免部分资源陷入资源"孤岛"。统一的调度器将对 AI 加速资源池（GPU、FPGA、ASIC）和通用 CPU 资源池进行跨地域的统一纳管，并具有以下典型特征。

- 支持普通机房通过高性能网络对智能计算中心机房的算力加速资源进行远程调用，技术人员不需要对普通机房进行承载高功率异构计算设备的大规模升级改造。

- 异构算力资源池中的算力加速资源能支持多种不同类型的系统，例如，物理裸机、虚拟机（基于 KVM[1] 或 vSphere[2]）、容器和容器编排引擎 K8s。

- 资源池中的算力加速资源，不仅能用于 AI 计算和 HPC 计算，还应当能

1　KVM 全称为 Kernel-based Virtual Machine，是一个开源的系统虚拟化模块。

2　VSphere 是 VMWare 公司开发的一套服务器虚拟化解决方案。

用于支持图形渲染。

- 在算力加速资源的精细化管理层面，算力加速资源可以超售，提供更强的经济性，还能采用内存补充显存，从而规避因物理显存限制无法加载模型的情况。

- 当算力加速资源池中的资源不够时，可提供与上层调度平台进行任务排队的接口，不至于任务因资源不够直接退出执行。

- 在算力加速资源的调度层面，应当提供 API 供上层调度平台进行物理节点、卡种类（品牌）、卡类型、卡数量、显存大小等多个维度的选择。

- 当算力加速资源被虚拟化后，应当能通过 API 进行虚拟化和物理化的切换，不影响业务调度和使用。

- 资源池中的资源包括物理资源和虚拟化资源，可以为上层运维平台提供各项监控指标，包括 vGPU 的利用率、显存占用等一系列监控指标。对于运行的任务，可以显示任务运行时的资源占用情况。

算法框架与硬件解耦如图 6-1 所示。

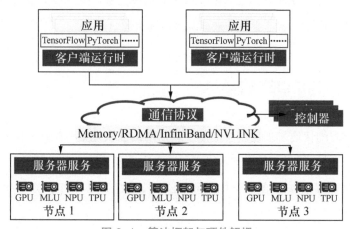

图 6-1　算法框架与硬件解耦

在算力层面，通过虚拟化形成软件定义的 AI 算力虚拟资源池，打破资源"孤岛"，取消"烟囱式"应用架构。AI 算力资源池能够根据业务的特点分配合适的资源，AI 算力资源的分配粒度可以是 1 块 GPU 卡的 1% 算力、1MB 显存，或者是几块卡、几十块卡。AI 算力的消耗方可以在数据中心网络可达的任何位置，甚至本地没有 GPU 卡也可以进行 AI 算力的远程调用，这可以提高资源利用率，降低运算成本。AI 算力虚拟资源池如图 6-2 所示。

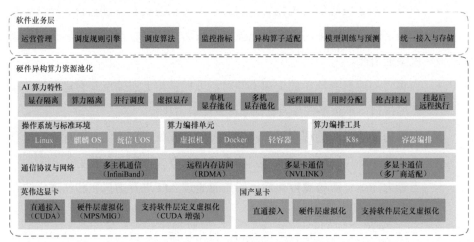

图 6-2 AI 算力虚拟资源池

计算框架调用算力加速库和运行时库进行运算加速，对加速库和运行时库进行虚拟化抽象，有利于屏蔽上层应用对下层异构算力的物理绑定，使应用层不必关心物理层资源的硬件差异性和硬件所在的物理位置，按应用需求从全局异构算力资源池进行资源申请，避免带来资源碎片和资源"孤岛"。

6.2 算力调度网络技术

深度学习的快速发展使传统的基于以太网的互联方案在互联网中占据主导地位，但在大带宽、低时延的专有网络中却透露出许多弊端，难以满足 AI 计算需求，因此，多种替代互联通信的技术涌现，这些技术替代原有方案成为 AI 服务器互联的首选。

6.2.1 并行通信库

人工智能的快速发展在一定程度上也影响了传统并行通信库的发展，OpenMPI 作为传统意义上并行通信库的事实标准，已经无法满足深度学习计算的高性能和灵活性的需求，一些业界主流设备生产商提出了更有针对性、更精简、更高效的替代解决方案。

英伟达最早进入 AI 加速卡领域，提出了 NCCL[1] 通信库，精简了通信原语，特别是针对 GPU 的互联通信技术进行了优化。其后，AI 加速卡厂商也在设备和片间互联技术的基础上提出了各自的并行通信库，例如，华为的 HCCL 库和燧原科技的 ECCL 库。

一般来说，基于 AI 加速卡的并行通信库会提供满足多种分布式 AI 计算的通信原语和算法。基本并行通信库原语如图 6-3 所示。

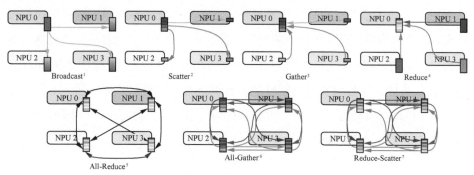

注：1. Broadcast：一对多广播，通信原语的一种。
　　2. Scatter：一对多发散，通信原语的一种。
　　3. Gather：一对多收集，通信原语的一种。
　　4. Reduce：多对一规约，通信原语的一种。
　　5. All-Reduce：多对多规约，通信原语的一种。
　　6. All-Gather：多对多收集，通信原语的一种。
　　7. Reduce-Scatter：组合规约与发散，通信原语的一种。

图 6-3　基本并行通信库原语

资料来源：燧原科技

6.2.2　互联技术

1. RDMA

传统的 TCP/IP[2] 软硬件架构及应用存在着网络传输和数据处理的时延过高、存在多次数据拷贝和中断处理、复杂的 TCP/IP 处理等问题。针对网络传输中服务器端数据处理的时延问题，RDMA 方案被提出。RDMA 是一种为了解决网络传输中服务器端数据处理延迟而产生的技术，通过直接内存访问，将数据直接从一台计算机传输到另一台计算机。

1　NCCL 是英伟达推出的一个实现多个 GPU 之间通信的库，包括聚合通信和点对点通信。

2　TCP/IP 全称为 Transmission Control Protocol/Internet Protocol，传输控制协议 / 互联网协议。

RDMA 的核心思路是在不使用 CPU 的情况下，从访问一个主机或服务器的内存到直接访问另一个主机或服务器的内存，直接和网卡交互进行网络通信。RDMA 将用户应用中的数据直接传入服务器的存储区，通过网络将数据从一个系统快速传输到远程系统的存储器中，消除了传输过程中多次数据复制和文本交换的操作，降低了 CPU 的负载，在扩大带宽的同时，又降低了时延和抖动。

RDMA 技术实现了在网络传输过程中两个节点之间数据缓冲区数据的直接传递，在本节点可以直接将数据通过网络传送到远程节点的内存中，绕过操作系统内的多次内存拷贝，相比于传统的网络传输，RDMA 不需要操作系统和 TCP/IP 的介入，可以轻易地实现超低时延的数据处理、超高吞吐量传输，不需要远程节点 CPU 等资源的介入，不必因为数据的处理和迁移消耗过多的资源。目前，RDMA 是智能计算中心解决大带宽需求的主要方案。

目前，RDMA 有以下 3 种不同的硬件实现策略。

① 无限带宽（InfiniBand，IB）技术是一种专为 RDMA 设计的网络，从硬件层面保证可靠传输，同时由于这是一种新的网络技术，需要支持该技术的网络接口卡（Network Interface Card，NIC）和交换机。

② RoCE 是一种允许通过以太网进行 RDMA 的网络协议，目前，RoCE 有两个版本，即 RoCEv1 和 RoCEv2。RoCEv1 是一种链路层协议，允许在同一个广播域下的任意两台主机直接访问；RoCEv2 基于用户数据报协议（User Datagram Protocol，UDP）层，实现了路由功能，RoCEv2 针对 RoCEv1 进行了一些改进，例如，引入 IP 解决扩展性问题、可以跨二层组网等。

③ 互联网广域远程存取协议（Internet Wide Area RDMA Protocol，iWARP）允许在 TCP 上执行 RDMA 的网络协议，在大型组网的情况下，iWARP 的大量 TCP 连接会占用大量的额外内存资源，对系统规格要求较高。RDMA 协议栈如图 6-4 所示。

2. RoCE

RDMA 本身是一种技术，属于具体协议层面，包含 IB、iWARP 和 RoCE 这 3 种协议，以上协议都符合 RDMA 标准，使用相同的上层接口，在不同层次上有一些差别。

iWARP 失去了最重要的 RDMA 的性能优势，已经逐渐被业界抛弃。IB 的性能最好，但是其运营成本较高且只有不到以太网（Ethernet）1%的市场空间，业内严重缺乏有经验的运维人员，一旦网络出现故障，无法及时修复。因此基于传统的 Ethernet 承载 RDMA，是实现 RDMA 大规模应用的必然选择。

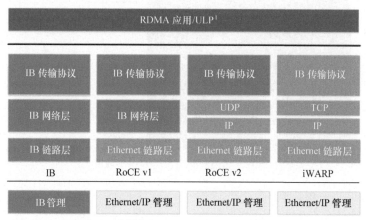

注：1. ULP（Upper-Layer Protocol，上层协议）。

图 6–4　RDMA 协议栈

资料来源：开放数据中心委员会

随着网络融合概念的兴起，中国信息通信研究院联合华为、腾讯、百度、美团、京东、中国电信和中国移动等在 IEEE 连续发布技术白皮书 *The Lossless Network for Data Centers* 和 *Intelligent Lossless Data Center Networks*，对无损网络进行了深入研究。IEEE 发布的数据中心桥接标准中，基于 RDMA/ IB 的无损链路问题得以解决，以太网在专有网络领域内拥有了自己的标准，同时该标准也提出了 RoCE 的概念。经过版本的升级（从 RoCEv1 到 RoCEv2），10GB 及以上的新型 NIC 和交换机（Switch）基本集成了 RoCE 支持，开始在 AI 计算中用于服务器互联。IEEE 无损网络相关技术白皮书如图 6-5 所示。

为了保障 RDMA 的性能和网络层的通信，使用 RoCEv2 承载高性能分布式应用已经成为一种趋势。RoCEv2 是将 RDMA 运行在传统以太网上，传统以太网是尽力而为的传输模式，无法做到零丢包，因此为了保证 RDMA 网络的高吞吐、低时延，交换机需要支持无损以太网技术。虽然 RoCE 方案与 RDMA 方案在性能上还有一些差距，但在兼容性、标准化和成本上已经展现出优势，越来越多地应用于智能计算中心。RDMA 数据流卸载如图 6-6 所示。

图 6-5　IEEE 无损网络相关技术白皮书

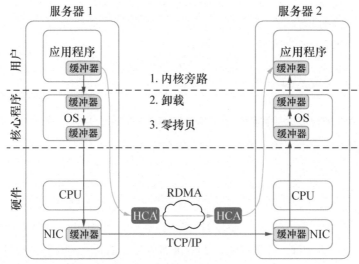

注：1. HCA（Hybrid Channel Assignment，混合信道分配）。

图 6-6　RDMA 数据流卸载

资料来源：开放数据中心委员会

3. 互联拓扑

目前，部分 AI 加速卡厂商会提供适用于自身加速卡的服务器内解决方案，使之达到更高的互联性和灵活性。通常来讲，AI 加速卡设备需要具备服务器内互联的通信加速方案，并支持最基本的拓扑。典型拓扑如图 6-7 所示。

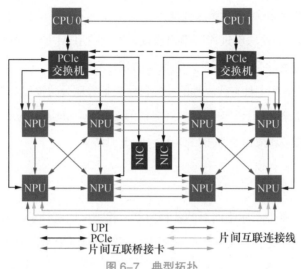

图 6-7　典型拓扑

资料来源：燧原科技

一般来说，目前 AI 加速卡主要适配的服务器普遍支持 PCIe 4.0，有 12 个 PCIe 插槽，因此设计每个服务器时，常配置 8 个 PCIe 标准的 AI 加速卡，采用厂商各自的服务器内片间互联技术；配置两个 RDMA 或 RoCE 网卡，以满足计算集群的大带宽需求；配置两个 10GB/1GB 以太网卡，以满足计算集群的管理需求。

目前，对于超算中心的主流服务器间网络互联拓扑，无论是 RDMA 方案还是 RoCE 方案，为满足不同 AI 应用场景需求，技术人员多采用 Spine-Leaf（脊-叶）两层结构。Spine-Leaf 两层结构如图 6-8 所示。

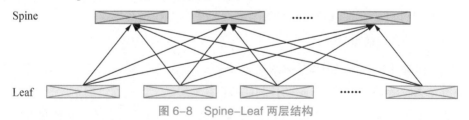

图 6-8　Spine-Leaf 两层结构

资料来源：燧原科技

通常，网络中采用 RDMA/RoCE 的交换机带宽都在 100Gbit/s 以上，并尽可能实现无损互联，以方便超算中心在不影响性能的情况下灵活扩展。

在互联网络物理连接的基础上，针对 AI 计算需求，多种用于加速深度学习模型训练的逻辑拓扑及响应算法被提出。2018 年，百度宣布将用于传统 HPC 领域的 Ring-allreduce 算法引进深度学习领域，这让使用 AI 加速卡计算的神经网络模型的训练速度显著提高。其后，大量新的拓扑算法涌现，进一步提高神经网络模型训练的性能，其中具有代表性的拓扑算法包括谷歌公司提出的 2D-mesh 算法、腾讯在 Ring-allreduce 算法基础上扩展出的 Hierarchy-ring-allreduce 算法、燧原科技在 2D-mesh 算法基础上扩展的 2D-ring-mesh 算法等。

6.2.3　网络优化技术

针对智能计算中心网络面对的各种问题，相关机构进行了深入研究，提出了相应的解决方案。无损网络是优化数据中心网络性能的有效解决方案之一，其主要通过流量控制、拥塞控制和流量调度 3 个方式，解决包括 many-to-one 和 all-to-all 流量模型在内的数据中心网络存在的问题，实现网络无损、低时延与高吞吐、业务分层、性能提升，其技术发展也主要是在这 3 个方面。

流量控制主要是管理两个节点之间的数据传输速率，通过接收端的反馈，从而调节发送端发送数据的速率，使接收端接收与发送端发送相匹配。

功率因数校正（Power Factor Correction，PFC）技术逐跳提供基于优先级的流量控制，能够实现在以太网链路上运行多种类型的流量而互不影响，流量控制通过 PFC、PFC 死锁检测和 PFC 死锁预防 3 种技术实现。PFC 是由 IEEE 802.1 Qbb 标准定义的一个优先级流控协议，主要用于解决拥塞导致的丢包问题。PFC 死锁检测和 PFC 死锁预防主要是为了解决和预防 PFC 风暴导致的一系列网络断流问题，提高网络可靠性。

网络拥塞会引起数据包在网络设备中排队甚至因队列溢出而丢弃，是导致网络高动态时延的主要因素，拥塞控制能够很好地解决上述问题。拥塞控制是指对进入网络的数据总量进行控制，使网络流量保持在可接受范围的一种控制方法。拥塞控制与流量控制的区别在于流量控制作用于接收者，拥塞控制作用于网络。

拥塞控制包括静态的明确的拥塞通告（Explicit Congestion Notification，ECN）、AI ECN 和 iQCN[1] 技术。ECN 的作用方式是当设备发生拥塞时，通过对报

1　QCN（Quantized Congestion Notification，量化拥塞通告）。

文 IP 头中 ECN 域的标识，由接收端向发送端发出降低发送速率的拥塞通知报文（Congestion Notification Packets，CNP），实现端到端的拥塞管理，减缓拥塞扩散恶化。静态 ECN 是在 RFC3168（2001）协议中定义的一个端到端的网络拥塞通知机制，允许网络在发生拥塞时不丢弃报文，而 AI ECN 是静态 ECN 的增强功能，可以通过 AI 算法实现 ECN 门限的动态调整，进一步提高吞吐和降低时延。iQCN 则是为了解决 TCP 与 RoCE 混跑场景下的时延问题。流控技术是保障网络零丢包的基础技术。在数据通信中，流量控制提供了一种机制，此机制作用于接收方，由接收方来控制数据传输速率，以防快速的发送方压倒慢速的接收方。

流量调度主要是为了解决业务流量与网络链路的负载均衡问题，做到不同优先级的业务流量可以获得不同等级的服务质量保障。负载均衡指的是网络节点在转发流量时，将负载（流量）分摊到多条链路上进行转发。在网络中存在多条路径的情况下，例如，在 all-to-all 流量模型下，想要实现无损网络，达成无丢包损失、无时延损失、无吞吐损失，需要引入该机制。智能计算中心中常用的负载分担机制为等代价多路径路由（Equal-Cost Multipath Routing，ECMP）和链路聚合（Link Aggregation，LAG）。

6.3　长距离无损网络

长距离无损网络技术在国内主要用于突破同城长距离存储业务双活及灾备场景的性能瓶颈，但在智能计算中心算力调度领域以及在"东数西算"领域具有极高的应用价值。

由于传统 FC[1] 网络当前的主流商用端口带宽只有 8GB，最大端口带宽只有 32GB，同城 100GB 存储传输往往需要 4 ～ 10 条链路。相比之下，以太网络 100GB/400GB 接口能力商用已经成熟，可以大幅减少同城链路资源。然而，在同城双活及灾备场景中，跨城传输时延增加，短距流控反压机制存在严重的滞后性。以同城 70km 传输场景为例，往返时间（Round-Trip Time，RTT）的时延往往大

1　FC（Fiber Channel，光纤信道）。

于 1ms，导致传统流控机制失效。

为此，华为等公司提出的智能无损以太网络技术在短距基础上再次升级，通过引入时间、空间维度及预测算法，根据现有流量变化趋势，在源端设备预测下一时刻流量的变化范围，从而实现在流量拥塞前预测性调整流量控制策略。该技术实践最大可突破 75km 长距 100GB 大带宽的存储双活互联问题，使同城间链路互联成本最高可减少 90%。长距无损算法如图 6-9 所示。

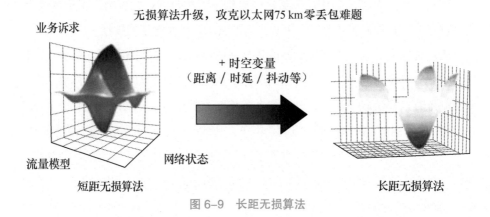

图 6-9　长距无损算法

长距无损网络可以降低数据中心互联（Data Center Interconnection，DCI）时延，实现 100km 内长距无损。

在高性能存储业务使用环境中，数据中心交换机之间涉及远端设备之间的拥塞问题。传统的长距离无损传输依赖于 PFC 帧，PFC 帧在长距链路上传输的飞行时间内，接收端需要大量的缓存空间来接收传输的报文。如果需要保证链路传输的吞吐不受影响，则接收端要有更大的缓存空间。而大缓存则必然导致报文在芯片中的传输时延增加。这是传统方案的弊端。在这种粗暴的"停等"机制下，当下游设备发现其接收能力小于上游设备的发送能力时，会主动发暂停帧给上游设备，要求暂停流量的发送。若采用传统的流控机制，则数据中心网络远端设备之间的流控会产生极高的时延，以 100km 距离、100Gbit/s 传输速率为例，基于传统的 PFC 机制的设备间流控机制会产生将近 2ms 的时延，无法满足高性能应用的性能要求。

针对这个问题，总线级数据中心网络提出了"点刹"式长距互联的流控机制。采用细粒度的周期性扫描方式进行流控；每个周期检测入口缓冲器的变化速率，通过创新算法计算要求上游停止发送时间；构造反压帧，发送给上游设备，包含了要求上游停止发送的时间。点刹式链路层流控机制原理示意如图 6-10 所示。华为创新的防抱死制动系统（Antilock Brak System，ABS）算法，在小缓冲芯片上很好地解决了长距无损传输的问题。在接收端以 10μs 的粒度进行周期性检测，接收队列缓冲的增长趋势，当 3 个周期缓冲持续保持一定的增长趋势时，接收端主动向发送端发送 PFC 报文，降低发送端的发送频率，即保证了接收端在小缓冲的情况下不出现拥塞 / 增加时延的情况，也保证了传输链路的吞吐。

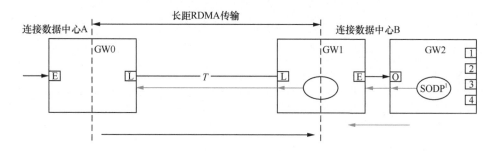

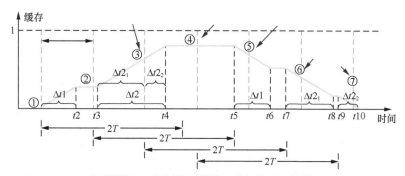

注：1. SODP是Micro Focus公司提供的一种能持续进行安全监控的开放式数据平台。

图 6-10　点刹式链路层流控机制原理示意

这就好比刹车，传统方案好比车在距离障碍物很近的时候，驾驶人员才发现障碍物并进行紧急刹车，易出现危险；ABS 方案就好似车中的驾驶人员预测了危险即将发生，进行点刹，在保证安全的前提下，也保证了良好的通过速率。

点刹式流控机制基于现有的 IEEE 802.1 及 802.3 标准定义的通用 xoff 帧格式，不需要改动消息格式，实现了同等缓冲情况下传输距离变长、缓冲积压变小，使得动态时延减少。相比较原有的流控机制，大大拓展了数据中心交换机之间

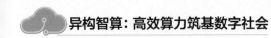

的互联距离，实现了最高支持 100km 的网络无损链接，大大提升了数据中心网络的可靠性。

总线级数据中心网络 ABS 方案，可实现在 200Gbit/s 带宽、100km 距离（或者是 100Gbit/s 带宽、200km 距离）的条件下零丢包。同时，在典型组网下，80km 长距离传输，本地流量与长距流量同用一个出端口，在出端口形成拥塞，长距链路的带宽利用率在 80% 以上，实现单向传输时延小于 450μs，性能较传统方案尾部时延降低了 50% 左右。

第七章
智能计算中心操作系统

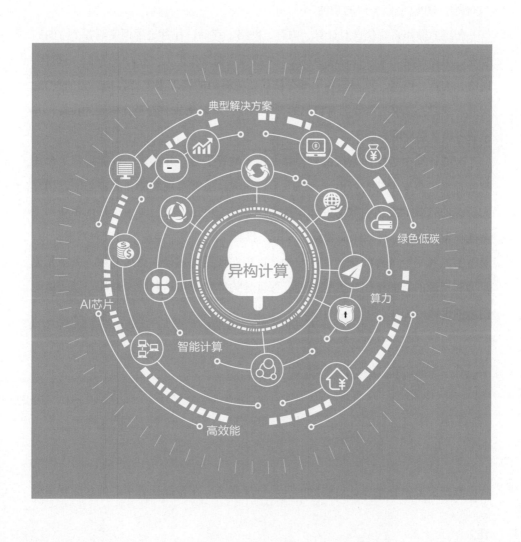

7.1　简介

智能计算中心操作系统除了具有核心的异构算力适配功能，还具有与通用的 AI 平台、HPC 平台类似的功能。

传统的操作系统包含对计算、内存、网络、存储、任务进程调度等各个方面的管理。随着智能计算中心的逐步发展，其规模也在逐步扩大，算力、存储、虚拟化、网络、编排、调度、算法等各个部分都需要强有力的管理来支持异构算力的扩充。因此，智能计算中心需要拥有自己的操作系统，用以集成并管理异构硬件设备，并承载各类上层应用与服务。

智能计算中心操作系统由异构算力统一纳管平台、异构算力智能运营平台和智能计算中心安全防护可信平台三大平台组成，能够实现智能计算中心中异构算力资源的有效汇集和高效调度，依托操作系统，可以使智能算力更好地驱动人工智能模型和算法，有效赋能智慧化应用。智能计算中心操作系统通过对物理资源、集群节点和平台资源的统一调度与纳管，可实现更大规模、更加复杂、更多元化算力和资源的智能运维与智慧管控，保证异构算力应用、芯片、适配，以及调度网络的可信、可靠、可管、可控。

7.2　异构算力统一纳管平台

7.2.1　技术架构

1. 物理资源纳管

物理资源纳管主要针对实际的异构物理服务器在智能计算中心的实际物理位

置进行纳管，需要根据异构设备的型号和数量、芯片数量，以及对应的能耗占比对其进行统一管理。对于不同的智能计算中心，应当充分结合地理位置优势、环境优势与当地政府政策扶持力度，对智能计算中心的物理位置进行统筹规划，在此基础上，再对各个智能计算中心的异构算力服务器进行集中纳管。每个智能计算中心应当充分发挥自身优势，合理减少 AI 业务大规模计算导致的能耗问题，同时有效提升 AI 计算能力，针对不同设备之间的网络互通进行统一的物理资源纳管。

2.　集群节点纳管

集群节点纳管是对智能计算中心的物理服务器进行资源池化管理。当异构算力服务器进入智能计算中心后，先对其进行操作系统的设置与驱动的安装和配置，不同的异构芯片需要在驱动层面将设备管理接口打开，同时暴露出调用接口以供集群节点纳管时集群信息的统计和采集，例如，对于华为的 DSMI，通过这些接口，用户可以获取昇腾 AI 处理器的数量、健康状态、温度、传感器、风扇等信息，便于用户监控昇腾 AI 处理器的状态；寒武纪的 CNDEV 提供主机端应用程序，可获取寒武纪芯片硬件信息的软件接口。此外，我们要根据异构算力服务器自身的芯片架构，对其进行虚拟化技术的配置与设置，为异构算力资源池化提供有力保障。

当完成虚拟化后，智能计算中心需要对池化的集群节点资源进行统一纳管。不同的异构算力服务器在集群中采集和上报自身资源时，采集方式有很大差异，需要进一步适配与统一，以便集群监控和告警时可以采集到相应的数据。在对接不同异构算力设备芯片管理接口后，通过定制设备可发现插件或者资源监控器和资源控制器，保证集群计算资源可以被上报到管理控制节点实现集群资源的统一纳管。

3.　平台资源纳管

平台资源纳管具有管理异构资源集群的控制面的能力。当完成异构算力资源的池化与虚拟化后，需要根据集群管理节点上报的数据进行统一的平台层面管控，满足目标应用的异构算力资源调度需求。

在平台资源管理时，集群数据的采集、监控告警经常采用 Prometheus 和 Grafana[1] 来提供相应的支持，而平台的日志管理则采用 ELK（Elasticsearch、Log-

---

1　Prometheus 和 Grafrana 均为可实现监控可视化的产品。

stash、Kibana 开源软件）或 EFK（Elasticsearch、Filebeat or Fluentd、Kibana 开源软件）。在此基础上，通过进一步开发平台应用层，将平台资源数据聚合在一起，结合相应的图标，提供对租户面的资源配额、运行限制等多维度的层次化管理配置能力。

7.2.2　平台功能

1.　数据处理

（1）数据接入

数据接入是异构算力统一纳管平台的基础环节，根据项目需求，平台按照不同方式接入不同类型的数据，并在此基础上开展后续环节。该能力项可设置但不限于接入数据类型、接入数据方式、接入数据的参数配置等。

数据接入应包含多项基本功能：支持接入结构化数据，例如，库表等格式；支持接入多种半结构化数据，例如，csv、xls、xlsx 等格式；支持接入多种文本类非结构化数据，例如，txt、doc、docx 等格式；支持接入多种图片类非结构化数据，例如，png、jpg、jpeg、bmp 等格式；支持接入多种音频类非结构化数据，例如，mp3、wav 等格式；支持接入视频类非结构化数据，例如，mp4、avi、mov 等格式；支持接入多种标签数据，例如，json、xml 等格式；支持接入压缩包文件，例如，zip、rar、tar 等格式；支持本地文件接入数据，例如，本地单个上传、批量上传等；支持网络协议接入数据，例如，文件传输协议（File Transfer Protocol，FTP）、统一资源定位符（Uniform Resource Locator，URL）、实时流传输协议（Real Time Streaming Protocol，RTSP）、共享存储等；支持通过用户界面配置数据接入的参数，例如，数据源、数据类型、接入方式等。

数据接入还可以包含部分高级功能：支持接入实时数据流，例如，结构化数据流、非结构化数据流等；支持周期性数据接入，例如，按照设置的时间间隔定期接入数据等。

（2）数据预处理

经过清洗、转换等操作，数据预处理部分可以解决数据可能存在的质量问题（例如，不一致、无效、缺失、重复等），将数据加工为模型开发能够直接使用的形式。该能力项可设置数据清洗、数据转换、数据增强等。

数据预处理应包含以下基本功能：支持结构化/半结构化数据的清洗，例如，数据去重、异常值检测、缺失值填充等；支持非结构化数据的清洗，例如，根据特定规则剔除不符合要求的非结构化数据；支持不同格式数据标签之间的转换，例如，xml 标签与 json 标签之间的转换；支持集成脚本语言进行数据加工，例如，Python、PySpark（PySpark 是 Spark 为 Python 开发者提供的 API）、结构化查询语言（Structured Query Language，SQL）等；支持自定义数据预处理功能，例如，用户自定义预处理算法逻辑。

数据预处理包含部分高级功能：支持结构化/半结构化数据的自动预处理；支持非结构化数据的自动预处理，例如，图像数据的自动预处理；支持有监督的数据增强技术，即基于现有样本的单样本数据增强、多样本数据增强，例如，图像的翻转、缩放、裁剪等；支持无监督的数据增强技术，即基于深度学习等算法的数据增强，例如，基于生成式对抗网络（Generative Adversarial Networks，GAN）的数据增强、神经风格转换等。

（3）数据标注

数据标注是认知数据特征的重要过程，标注质量与模型效果息息相关，纳管平台应提供面向不同数据的人工标注及自动标注工具，并提供可灵活扩展的团队标注模式。该能力项可设置但不限于标注类型、标注工具、团队标注、智能标注等。

数据标注应包含以下基本功能：支持文本类数据的多种（两种或以上）标注工具或模板，例如，文本分类、命名实体等；支持图片类数据的多种（两种或以上）标注工具或模板，例如，图像分类、目标检测、OCR 等；支持音频类数据的多种（两种或以上）标注工具或模板，例如，声音分类、语音分割等；支持视频类数据的多种（两种或以上）标注工具或模板，例如，视频分类、目标跟踪等；支持标注信息的管理，例如，标注标签、标注属性等的编辑、删除和查询；支持可视化标注功能，标注信息可在原始数据上直观呈现；支持团队标注的基本功能，例如，任务管理、人员管理等功能；支持标注评估或质检，例如，评估标注的准确性、有效性等；支持标注结果导出，例如，已标注的数据及标签导出。

与此同时，数据标注还包含以下高级功能：支持自定义标注功能，例如，基于平台提供的标注组件，将其配置组合为不同的标注工具，用于不同类型的标注任务；支持团队标注的高级功能，例如，人效分析、报表导出等；支持智能标注功能，例如，直接调用预定义算法或外部服务自动标注数据，或者在少量人工标注的基础上通过训练算法进行自动标注等。

（4）数据管理

数据管理是人工智能开发平台的支撑环节，纳管平台应支持用户对其权限内的数据进行统一管理，并以数据集的形式服务于后续环节。该能力项可设置但不限于数据集的操作、数据集的管理等。

数据管理应包含以下基本功能：支持数据集的基本操作，例如，创建、修改、删除、导入、导出、发布等；支持数据集信息的展示和查询，例如，原始数据、数据标注信息、标签信息等内容；支持数据集的管理操作，例如，权限管理、版本管理、标签管理等；支持基于数据集的二次处理，例如，拆分、合并、结构自定义等操作；支持数据集和训练结果的关联关系管理；支持提供 API 接口、对外提供数据，例如，接入线上业务系统、第三方平台等；支持数据集的共享，例如，在团队内部的共享等高级功能。

（5）数据分析

数据分析支持使用统计方法分析数据并提取有效信息，可及时发现数据特征或分布上的问题，从而有针对性地优化处理。该能力项可设置但不限于数据预览、数据集分析等。

数据分析包含 4 项基本功能：一是支持结构化数据的预览功能；二是支持非结构化数据的预览功能，例如，文本、图片、视频、音频等；三是支持数据集的分析，例如，统计特征、质量特征分析等；四是支持数据分析的可视化，例如，数据分布、标签分布等的可视化等。

同时，数据分析还包含 3 项高级功能：一是支持对数据集探索分析形成新的数据集，例如，数据清洗、集合、填充、过滤等；二是支持对数据集关联关系进行分析和查看，例如，数据集和算法、模型、工作流、任务等的关联；三是提供数据质检功能，例如，对数据样本的样本数量、完整度、分布等进行检测。

2. 模型构建

（1）算法管理

算法管理可提供业内较为成熟的各类基础算法，降低了使用门槛、节省了开发时间，可以供开发者使用。纳管平台可根据功能、场景等维度对算法进行分类管理，并支持开放自定义算法接口。该能力项可设置算法类型、算法操作等。

算法管理要求每类算法支持两种及以上应用，同时具备其他基本功能，具体来说，需要支持多种（两种或以上）传统机器学习算法，例如，分类、回归、聚类等；支持多种（两种或以上）深度学习算法，例如，卷积神经网络、循环神经网络等；支持多种（两种或以上）计算机视觉类算法，例如，目标检测、图像分类、文字识别等；支持多种（两种或以上）语音类算法，例如，语音识别、语音合成等；支持多种（两种或以上）自然语言处理类算法，例如，词法分析、序列标注、语义匹配等；支持自定义算法开发，例如，自定义名称、唯一标识、算法组件等；支持算法的基本操作，例如，信息查询、增加、删除、分类、检索等操作；支持算法的版本管理，例如，版本号管理、版本发布说明等。

同时，算法管理还包含 3 项高级功能：一是支持迁移学习算法；二是支持强化学习算法；三是支持自定义算法与预置算法的混合使用，算法之间支持数据接口、模型格式接口的兼容。

（2）特征工程

特征工程可提供各类基础工具，帮助用户对数据进行加工，例如，提取特征、分析特征、变换特征，以便更好地为模型训练做准备。该能力项可设置特征选择、特征分析、特征转换、数据降维、自动特征工程等。

特征工程包括特征选择、特征组合、特征分析、特征转换、数据降维 5 项基本功能。特征工程应当支持特征选择功能，例如，支持基于卡方检验的特征选择、基于建模的特征选择等；支持特征组合功能，例如，将多个特征组织或衍生为新的特征等；支持特征分析功能，例如，分析特征的重要性、权重等；支持特征转换功能，例如，数据归一化、标准化、分箱、类型转换等方法；支持数据降维功能，例如，主成分分析、线性判别分析等方法。

同时，特征工程还包含部分高级功能：支持自定义特征工程，例如，自定义新的特征工程算法；支持特征分析可视化，例如，特征重要性指标的图表可视化等；支持特征异常评估，例如，基于孤立森林的异常点检测、Z-score（标准分数）异常值检测等；支持特征库的管理操作，例如，特征的存储、管理、分享、特征库的接入等；支持多种（两种或以上）自动特征工程功能，例如，自动特征选择、自动特征衍生、自动特征数据增强等策略。

（3）模型开发

模型开发旨在提供方便、系统、专业的开发工具和环境，通过更加人性化的操作接口展示，帮助不同层次的开发者开发算法。该部分尤其关注对主流机器学习框架的集成和支持。该能力项可设置开发库（AI 框架等）、建模方式等。

模型开发应当包含以下基本功能：支持多种（两种或以上）传统机器学习框架，例如，Spark、Scikit-learn、XGBoost 等；支持多种（两种或以上）深度学习框架，例如，TensorFlow、PyTorch、PaddlePaddle 等；支持提供预训练模型，例如，自然语言处理、计算机视觉等领域的预训练模型；支持 Python 等开发语言；支持交互式编码建模，例如，Notebook 等；支持可视化建模，例如，拖拽组件等；支持本地 IDE 开发，例如，通过集成 SDK 访问平台服务；支持自定义开发环境，例如，以镜像方式提供可自定义的开发环境。同时，模型开发还支持对建模任务进行封装，例如，封装为 SDK 等形式的高级功能。

（4）模型训练

模型训练可为用户提供多维度的训练支持，包括训练资源的调度、训练操作的支持、训练优化的支持等。纳管平台为用户屏蔽了底层算力设施的复杂组网和配置，使用户通过简易设置即可实现不同的训练模式。该能力项可设置训练类型、训练操作、训练优化等。

模型训练应包含以下基本功能：支持多种 CPU 训练方式，例如，单机训练、分布式训练；支持多种 GPU 训练方式，例如，单卡训练、单机多卡、多机多卡训练；支持设置训练资源规格，例如，CPU 核数、GPU 个数、内存等；支持自定义训练参数，例如，算法参数、运行参数、训练数据、验证数据等；支持训练任务的多种操作，例如，创建、查询、开启、终止、删除、修改等；支持对正在执行训练任务的多种操作，例如，中止、断点恢复、断点重做等；支持训练任务的信息查看，例如，训练状态、训练进度、训练结果、训练失败原因等信息；支持模型的微调（fine-tune），例如，基于预训练模型、自动训练模型的二次训练；支持模型训练过程的可视化，例如，训练参数和指标、模型图等的可视化。

同时，模型训练还包含部分高级功能：支持异构计算资源训练，例如，不同架构芯片、AI 加速卡用于异构加速训练任务；提供自动调参工具，可根据模型及数据量设定合适的参数；支持训练优化技术，例如，混合精度训练、编译优化等；

支持分布式模型开发框架的优化，例如，显存优化、线性加速比的提升、通信优化等。

（5）模型评估

模型评估可支持按照各类任务评估指标对训练完成的模型进行质量评价，帮助用户选择合适的模型。纳管平台提供模型指标可视化工具，以图表形式呈现不同模型版本的指标对比。该能力项可设置评估类型、评估报告、评估可视化等。

具体来说，模型评估支持对分类模型的评估，具有相关的评估指标，例如，精确率、准确率、召回率、F函数、ROC Curve（受试者工作特征曲线）、AUC（曲线下面积）、混淆矩阵等；支持对回归模型的评估，具有相关的评估指标，例如，平均绝对误差、均方误差、均方根误差等；支持对聚类模型的评估，具有相关的评估指标，例如，轮廓系数、兰德系数等；支持对序列预测模型的评估，具有相关的评估指标；支持生成评估报告，例如，评估结果可按照固定格式输出为报告；支持模型评估报告的对比，例如，同一模型不同版本的报告对比；支持评估指标的可视化展示等。

与此同时，模型评估还包含部分高级功能：支持用户自定义模型评估指标，用户可以自定义评估指标及计算公式；支持基于评估指标的异常样本检测，通过修正数据标签、挖掘潜在噪声样本等方式，帮助用户优化模型；支持模型的性能评估，例如，响应时间、业务并发等；支持提供模型优化建议，例如，自动生成模型训练等方面的优化建议；支持模型可解释性评估，例如，模型结构的可视化、特征重要性等。

（6）自动学习

自动学习可以对特征工程、超参数调优、模型选择等环节进行自动化处理，同时通过模板化、可视化、向导式的建模工具，降低用户所需的技术门槛。该能力项可设置超参数搜索、模型结构设计、自动学习模板等。

自动学习应包含以下基本功能：支持自动数据增强，例如，遗传进化、可微分等技术；支持多种（两种或以上）超参数搜索技术，例如，网络搜索、随机搜索、贝叶斯优化等；支持模型结构的自动设计，例如，神经网络架构搜索；支持通过向导式的操作帮助用户完成模型训练，例如，模式定义、模型选择、参数/超参数设置等操作；支持自动化建模任务的信息查看，例如，模型指标、资源消耗、训练时长等。

同时，自动学习还包含多项高级功能：支持小样本学习，在小样本的情况下训练出较高精度的模型；支持多个模型融合，例如，Averaging Ensemble（平均法融合）、Greedy Ensemble（贪婪法融合）、Stacking Ensemble（堆叠法融合）等集成方法；支持多种（两种或以上）图像类自动建模场景模板，例如，图像分类、物体检测、图像分割、文字识别等；支持多种（两种或以上）文本类自动建模场景模板，例如，文本分类、文本匹配、序列标注等；支持多种（两种或以上）语音类自动建模场景模板，例如，语音识别、声音分类等；支持多种（两种或以上）视频类自动建模场景模板，例如，目标跟踪、视频分类等。在明确标注数据和业务场景的情况下，支持自动学习生成模型，自动完成特征工程、模型选择、超参数调优、模型训练等环节。

3. 模型部署

（1）模型管理

模型管理是纳管平台上的人工智能模型的管理，同时，为了适配不同的部署和推理环境，纳管平台模型管理还需要提供模型转换、模型压缩等优化和适配功能。该能力项可设置模型文件管理、模型操作管理、模型压缩、模型转换等。

模型管理包含模型仓库的管理和配置、支持多种模型文件格式，以及支持模型文件的常见操作、管理操作、格式转化等基本功能。模型管理支持模型仓库的管理和配置，例如，模型存储（自定义模型、订阅模型）、模型版本控制等；支持多种模型文件格式，例如，ONNX（.onnx）、TensorFlow（.pb）、PyTorch（.pt）等；支持模型文件的常见操作，例如，查看、导入/导出、校验、修改、删除等；支持模型文件的管理操作，例如，查询、排序、分类、展示等；支持模型文件的格式转化，例如，以标准模型格式为中介，支持各主流模型格式间的互相转换；支持模型可视化能力，例如，模型结构、网络层级、网络权重等的可视化；支持模型溯源信息，例如，查看模型与数据集、算法间的关系。

同时，模型管理还包含3项高级功能：支持基于任务维度的模型评估，例如，基于同一任务对模型进行对比；支持模型压缩，可根据用户定义参数完成模型压缩，例如，模型量化、剪枝等；支持提供模型适配云端、边缘端、终端等多种异构硬件、多种操作系统的能力，例如，通过 TensorRT、OpenVINO、TVM 等软件对模型进行适配优化。

（2）模型部署

模型部署是指将纳管平台上管理的模型按照与推理环境相匹配的方式部署到指定环境中，并以指定的接口形式与其他业务应用集成。根据具体的业务需求，模型可以部署在云端、边缘端、终端等不同位置。该能力项可设置部署测试、部署模式、部署资源、部署管理等。

模型部署具备支持用户自定义推理服务使用的资源规格，以容器镜像的方式部署模型，为模型部署在线服务和批量服务等基本功能。模型部署支持以 SDK 的方式部署模型；支持多种模型部署及测试策略，例如，滚动更新、灰度测试、A/B 测试（分组测试）等；支持面向业务场景的多模型编排，将多模型编排后以统一接口提供模型推理服务；支持查看模型部署的信息，例如，部署状态、失败信息、离线日志等。

模型部署包含多项高级功能：支持推理加速框架模型的部署，例如，Tensor RT、openVINO、TVM 等；支持边缘端、终端设备的模型部署；支持面向业务场景的可视化模型编排；支持模型热更新，例如，根据预设的条件（模型评估结果）更新模型版本；支持云端协同的服务部署管理，例如，云端支持对边缘端、终端设备的模型下发和更新；支持提供模型适配云端等多种异构硬件、多种操作系统的能力；支持提供模型适配边缘端、终端等多种异构硬件、多种操作系统的能力。

（3）模型推理

模型推理是纳管平台对外提供服务的窗口，根据用户的实际需求，纳管平台分配相应的计算资源，运行指定的模型并输出预测结果。该能力项可设置推理框架、推理信息查询、推理操作等。

模型推理包含多项基本功能：支持深度学习推理框架，例如，TensorFlow Serving 等；支持模型推理服务的弹性资源调度，例如，弹性扩容、缩容；支持模型推理服务的基本操作，例如，任务启动、停止等；支持模型推理服务的接口信息查询及展示，例如，版本、实例数、接口格式等；支持模型推理服务状态信息的查询及展示，例如，运行状态、调用量、调用成功率等；支持模型推理服务的管理操作，例如，流量分配、服务限流、负载均衡等。

同时，模型推理还包含两项高级功能：一是支持异构计算资源推理，例如，不同架构芯片、AI 加速卡用于异构加速推理任务；二是支持模型推理服务的过程采样，例如，新样本采集、难预测样本筛选，进而可以支持模型升级迭代。

4. 支撑与服务

（1）资源管理

资源管理支持对基础的计算、存储、运行环境等软硬件资源的管理调度，为不同的人工智能业务场景提供基础支撑。该能力项可设置资源类型、资源虚拟化、资源配置等。

资源管理应当涵盖对异构计算资源、存储资源等多种资源的支持，以及对各类资源的管理、调度、逻辑隔离、弹性调度等。资源管理应当能够支持多种物理计算资源，例如，CPU、GPU 等；支持 CPU 资源虚拟化；支持镜像仓库，提供内置镜像、自定义镜像的存储和管理；支持镜像的基本操作，例如，镜像的详情查看、导入、删除、修改、排序、查找等；支持多种存储资源，例如，对象存储、块存储、文件存储等；支持异构计算资源的管理和调度，例如，不同架构的芯片、AI 加速卡用于加速计算；支持资源的逻辑隔离，例如，计算及存储资源基于项目、用户等维度的逻辑隔离；支持根据任务弹性调度分配计算、存储等资源；支持设置资源调度的颗粒度，例如，CPU 核数、GPU 卡数、内存数量等。

与此同时，资源管理还应支持资源虚拟化和池化等，以及支持高速网络资源；支持 GPU 资源的虚拟化、池化等；支持高速 RDMA 网络资源，例如，InfiniBand 网络、RoCE 网络等。

（2）工作流管理

工作流管理支持将 AI 业务中的各类功能单元封装为一系列可独立执行的工作流程，帮助用户更好地管理开发应用流程，例如，更快地验证测试、复用流程等。该能力项可设置工作流操作、工作流编排、工作流管理、工作流模板等。

工作流管理包含多项基本功能，支持工作流的基本操作，例如，创建、配置、拷贝、删除、查看信息等；支持多种工作流编排方式，例如，可视化（图形拖拽）、代码编辑等；支持工作流的定制化执行，例如，一键运行、定时执行、重复执行等；支持自定义工作流算子，例如，使用 Python 等；支持工作流执行实例的对比，例如，对比同一任务的不同工作流实例中的模型性能等；支持提供工作流模板，例如，典型 AI 业务流程的模板；支持端到端 AI 业务流程管理，例如，数据处理、模型构建、模型部署等；工作流支持基于 API 的交互。同时，工作流管理还需要具备支持多用户协同开发工作流的高级功能。

（3）AI 资产仓库

AI 资产仓库主要管理纳管平台中的 AI 资产，例如，模型、算法等资产内容，并为平台的使用者和开发者提供 AI 资产共享、交易的场所。该能力项可预置 AI 资产，设置 AI 资产信息设置、AI 管理操作等。

AI 资产仓库包括支持预置多种 AI 资产，例如，数据集、特征、算法、模型、服务、工具等；支持 AI 资产的信息设置，例如，名称、分类、标签、详情、版本信息等；支持 AI 资产的发布管理，例如，发布、编辑、删除、权限设置等；支持 AI 资产发布的审核，允许平台管理员审核 AI 资产是否发布；支持 AI 资产的基本用户操作，例如，按分类或标签浏览、评论、订阅等基本功能。同时，AI 资产仓库还可以支持用户对 AI 资产进行评价，例如，用户打分、评论等功能。

7.3 异构算力智能运营平台

作为异构算力的管理方，建立一套异构算力统一纳管平台只是从技术角度解决了对异构算力的适配与纳管问题，要真正实现异构算力的管理，智能计算中心的规划部门还应该依托相关的数字化平台，构建一套匹配异构算力资源特点的分配机制与流程，实现对原有算力管理模式的深度变革。

7.3.1 平台架构

异构算力智能运营平台由异构硬件管理平台、异构算力资源管理平台、生态共享平台和异构开发工具运营平台组成。

1. 异构硬件管理平台

异构硬件管理平台能够管理整个智能计算中心的硬件资源，包含智能计算单元、数据存储单元、网络交换单元等，通过整合计算、存储、网络资源，形成面向大规模训练场景和大规模推理部署场景的推理集群。

2. 异构算力资源管理平台

异构算力资源管理平台是整个智能计算中心异构算力管理的中枢平台。一方面，该平台可以对智能计算中心所有硬件及软件资源进行统筹管理及监控，对 AI 算力资源进行细颗粒度的编排和调度；另一方面，该平台还可以提供覆盖 AI 开发全流程的工具服务，包含数据集管理、算法开发、模型训练、模型部署预测等功能，让数据科学家、人工智能研发人员更加快速、高效地进行算法开发。

3. 生态共享平台

生态共享平台的本质是开发者生态社区，能够实现 AI 模型库、行业数据集及行业解决方案等内容的共享，为高校和科研机构、AI 应用开发商、解决方案集成商、企业及个人开发者等提供安全、开放的共享环境，有效连接 AI 开发生态链的各参与方，从而加速 AI 产品的开发与落地。

4. 异构开发工具运营平台

异构开发工具运营平台针对用户的各种需求，实现异构算力有效适配，确保模型开发框架、开发套件、软件驱动和固件设备能够灵活适配，方便用户将设计从现有平台快速无缝地迁移到该平台，并为用户提供适配硬件的智能计算编译器、运行时 API 及相关硬件驱动的平台环境。

7.3.2 服务应用

异构算力智能运营平台可提供软硬件一体化的解决方案，面向各行业、各领域，构建 AI 算力支撑体系，打造共享开放的智能环境，完善配套产业生态链。根据政府部门的需求，智能计算中心提供高效、通用的算力支撑和配套的开发环境，助力智能城市建设，主要着力点包括智能医疗、智能教育、智能制造、智慧交通、智能视频分析等。面向高校和科研机构，提供"产、学、研"一体化的基础平台，促进科学研究、产业化发展和人工智能领域精英人才培养。面向专业厂商，提供高效、稳定、通用的人工智能算力平台，通过"人工智能＋"的方式，促进产业结构改革，重塑产业氛围，助力产业生态链的生成和完善。面向开发者和服务机构，提供一个 AI 开放环境，有效激发其新技术开发热情，促进人工智能应用创新。总体服务应用架构如图 7-1 所示。

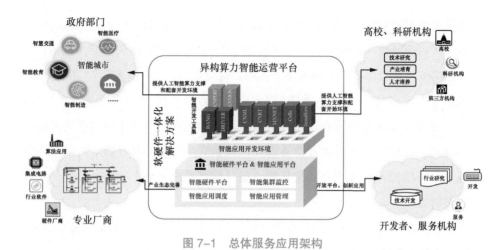

图 7-1 总体服务应用架构

资料来源：寒武纪

7.4 安全防护可信平台

智能计算中心需要切实考虑如何为用户数据提供一个可信的计算环境与安全的运营环境。而这种可信的算力网络环境需要由一个独立的安全保障体系来实现。目前，可信计算的相关标准化研究主要面向异构算力环境能够实现独立的算力安全认证和算力可溯源，从而保障用户能够将数据放在一个安全可信的环境中进行计算和传输，并兼顾打破"数据孤岛"和保障数据安全的统一。

我国等级保护从"传统防御 1.0"时代进入"主动防御 2.0"时代后，被赋予了新时代的特征。除了扩大等级保护对象范围、统一分类结构，最大的变化就是规范了可信计算技术使用的要求，把可信验证列入各个级别并逐级提出各个环节的主要可信验证要求。国家网络安全等级保护标准《网络安全等级保护基本要求》《网络安全等级保护安全设计技术要求》《网络安全等级保护测评要求》都对可信计算技术提出了明确要求。

我国可信计算源于 1992 年立项研制的可信计算综合安全防护系统，于 1995

年 2 月通过测评和鉴定，经过长期的研发和攻关，形成自主创新的安全可信体系，开启了"可信计算 3.0"时代。"可信计算 3.0"是等级保护的关键支撑技术，对落实网络安全等级保护制度发挥重要作用。可信计算以"整体安全""主动免疫"的思想为指导，以密码技术为基础，以安全芯片为信任根，以计算机系统为平台，以可信基础支撑软件为核心，以可信网络连接为纽带，确保应用程序的可信运行。此外，可信计算采用软硬件协同设计构建安全体系，其目的是为信息系统构建安全可信的计算环境和通信环境，提升信息系统主动、动态、整体、精准的防御能力。

智能计算中心建设应与国内各算力服务器厂商共同构建"开放、协作、共赢"的安全可信生态体系。

7.4.1　安全防护可信计算技术

算力节点本身执行环境的安全性是一个不可忽略的问题，主动防御可信平台控制模块（Trusted Platform Control Module，TPCM）可以保障算力节点执行环境的安全。TPCM 先于平台计算部件上电启动，并全程并行于计算部件运行，实现从计算部件第一条指令开始进行可信计算。在待机阶段，平台待机电源为 TPCM 提供电能上电，通过 TPCM 主导平台电源控制系统，确认启动环境的可信性和完整性。在启动阶段，TPCM 通过控制电路允许平台计算部件上电、受控可信代理协同对启动环境进行检查，确认主系统部件、操作系统及执行环境的可靠、可信、安全。在运行阶段，TPCM 在可信代理协同下对相关信息、应用程序进行动态度量和安全评估，实时保护系统的可信环境。

智能计算中心通过可信硬件开发可信软件基、CPU 内置式 TPCM 可信根、外置 TPCM 卡等技术，将可信软件基预置操作系统与操作系统内核进行深度适配整合。提供基于可信芯片的上层可信功能和图形化的可信管理中心，为设备建立固件、内存、硬盘、操作系统、应用程序等完整的软硬件信任链。及时发现恶意入侵及设备替换，实现整体系统的安全可控，保障设备安全、运行安全，符合国家网络安全等级保护标准（等级保护 2.0 标准）中对于身份鉴别、访问控制、安全审计、入侵防范、恶意代码防范、资源控制、数据完整性、数据保密性、剩余信息保护等方面的可信验证要求。

7.4.2　智能计算中心安全防护功能

智能计算中心可信根包括 TPCM 和 TCM[1]，可以满足等级保护 2.0 标准中对可信根的相关要求。其中，TCM 密码模块符合国家密码管理局要求，采用国产密码算法 SM2、SM3、SM4，依据 TCM 国家标准提供密码服务和密钥的管理体系。支撑可信计算身份认证、状态度量、保密存储过程中的密码服务。

TPCM 是主动免疫"可信计算 3.0"体系的根基，TPCM 在可信计算体系中所起的作用类似计算体系中的 CPU，是安全防护策略的执行者。可信根是"可信计算 3.0"体系的核心部件，是构建任务计算和免疫防护并行双体系结构的基础，也是区别于国际可信计算的关键创新点。

TPCM 是可信机制的信任源点，具备隔离保障的资源环境，能够并行获取计算节点中的度量对象信息（例如，内存中的数据、输入 / 输出等），为可信软件基的可信验证提供了数据获取、控制的重要支撑。

TPCM 是并行于 CPU 的防护部件，作为建立和保障信任源点的硬件核心模块，为可信计算提供了完整性度量、安全存储、可信报告及密码服务等功能，能够通过总线获取度量对象的数据，并且读取过程不受计算机 CPU 控制。

智能计算中心可信算力服务器在启动过程中要基于可信根进行可信验证。启动过程包括整个启动链条的逐级度量、构成一个完整的信任链、保障启动以后进入一个可信的计算环境。

静态度量承接信任链建立，静态度量的度量对象主要包括可执行程序、共享库、库函数、配置文件等，主要使用 TPCM 支撑下的哈希、签名验签等方式进行度量。

动态度量是在系统运行的过程中，对内存中的关键信息实时主动度量，监控系统运行状态、进程状态，通过条件触发和周期方式对系统进程、模块、执行代码段等关键信息进行监视和度量。

可信报告是可信节点对外部提供的终端可信状态数据，通过静态度量、动态度量产生相应的数据，通过可信根进行签名保障其完整性。

终端可信计算机制 TPCM、可信软件基能够拦截终端系统上所有的可执行代

1　TCM（Trusted Cryptography Module，可信密码模块）。

异构智算：高效算力筑基数字社会

码，对可执行代码进行判断，拒绝运行不可信执行代码，具备恶意代码防范能力，能够及时识别"自己"和"非己"执行代码，在无补丁升级、无病毒、木马查杀的情况下，有效防御入侵和病毒等恶意代码行为。

可信软件基在内核保护模块中实现了自保护功能，防止系统的"杀死"命令（"kill""killall"等）被恶意"杀死"。

7.4.3 可信异构算力服务器

智能计算中心安全防护可信异构算力服务器通过可信根并行接入总线实现对服务器启动阶段和运行阶段的可信保障，将外挂式的"封堵查杀"转变为主动免疫的可信计算生态，从以网络边界隔离为代表，无法适应云计算、移动互联网等新型系统带来的虚拟化边界，优化为"计算＋防护"并存的双体系架构，建立可信计算环境，赋予计算节点主动免疫力；从以杀病毒、入侵检测为代表，采用基于已知"特征"的检查技术，不能抵御新出现的未知恶意代码，优化为形成自动识别"自我"和"非我"的主动防御机制，实现对未知病毒、木马的安全免疫。其中，可信根通过两种方式构建：一种是在启动阶段基于海光 CPU 内部芯片构建 TPCM 可信根，实现主动控制，主要完成系统启动阶段的可信度量，建立业务系统的可信环境；另一种是在系统运行阶段，通过 PCIe 接口的 TPCM 卡实现运行过程中的动态度量、密钥管理、策略管理、基准管理、可信验证等功能。通过服务器的可信 BIOS[1] 固件、可信操作系统、可信软件基，构建基于"可信计算 3.0"体系的可信整机环境。

智能计算中心通过"可信计算 3.0"体系为服务器整机植入安全基因，构建计算与防护并行的主动免疫双体系架构，具备对病毒、木马和漏洞的主动防御能力，并以此为核心打造面向专用系统设备的安全解决方案，从而满足等级保护 2.0 标准的可信防护要求。智能计算中心还通过内置密码体系、可信策略管理及安全控制中心等立体防护和管控体系、访问控制及未知漏洞防护等安全增强机制，提供自主安全化融合完整解决方案，建立可信安全防护基础技术产品体系，从而提高新型基础设施建设的安全保障能力。

1　BIOS（Basic Input Output System，基本输入输出系统）。

第八章

智能计算中心异构算力典型
解决方案

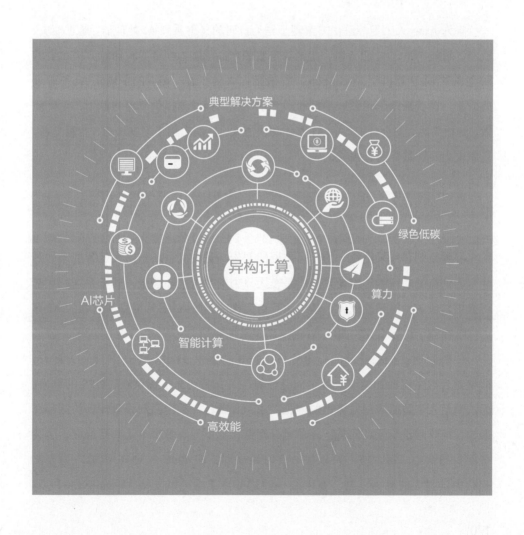

8.1　华为Atlas人工智能解决方案

8.1.1　能力介绍

华为 Altas 人工智能解决方案基于华为自研的昇腾系列 AI 处理器，通过模块、板卡、智能小站、AI 服务器、集群等丰富的产品形态，配合异构计算架构 CANN 和全场景 AI 计算框架 MindSpore，打造面向"云、边、端"的全场景 AI 基础设施方案，覆盖深度学习领域推理和训练全流程，为业界提供"超强算力、更优能效、开放易用、安全可信"的 AI 整体解决方案，广泛应用于平安城市、智慧交通、智慧电力、智慧金融等领域。

8.1.2　技术架构

1. 昇腾系列芯片

昇腾系列芯片采用统一的、可扩展的架构，是覆盖全场景的人工智能系列芯片，无论在低功耗的边缘场景，还是在大算力的数据中心场景，昇腾系列芯片都将提供出色的性能和能效比。基于达芬奇架构的昇腾 AI 芯片提供了超强的 AI 算力，这得益于达芬奇架构面向 AI 的全新突破性设计。

传统处理器采用一维的标量计算，每瓦特提供 0.003TOPS（INT8）的算力。即使是目前主流的加速卡，基于向量计算，每瓦特也只能提供 0.3TOPS 的算力，无法满足人工智能应用对算力的增长需求。昇腾芯片采用面向张量计算的达芬奇架构，矩阵乘法单元、向量计算单元、标量计算单元等多个单元共同组成了达芬奇架构的核心，每个核心可以在一个时钟周期完成 4096 个 MAC 运算，为人工智能提供强大的算力支持。基于统一的达芬奇架构可以支持 Ascend-Nano、Ascend-Tiny、Ascend-Lite、Ascend-Mini、Ascend-Max 等芯片规格，具备从几十毫瓦智能外设到几百瓦芯片的平滑扩展，能够覆盖"云、边、端"的全场景部署能力。

华为昇腾 310 芯片主要用于推理场景，单芯片即可提供 16TOPS（INT8）超强算力，支持 16 路高清视频实时分析，功耗不足 8W，是一款面向边缘计算超强算力的人工智能片上系统（Artifical Intelligence System on Chip，AI SoC）。另外，华为还拥有昇腾 910 芯片，主要用于训练场景，是业界单芯片计算密度最大的 AI 芯片之一。

2. 计算框架

CANN 是华为公司针对 AI 场景推出的异构计算架构，通过提供多层次的编程接口，支持用户快速构建基于昇腾平台的 AI 应用和业务。CANN 主要包括 AscendCL、Runtime、DVPP、CANN Lib、HCCL、Driver、开发体系及配套的系统工具、开发辅助工具。

MindSpore 是一种全新的深度学习计算框架，旨在实现易开发、高效执行、全场景覆盖三大目标。为了实现易开发的目标，MindSpore 采用基于源码转换（Source Code Transformation，SCT）的自动微分（Automatic Differentiation，AD）机制。该机制可以用控制流表示复杂的组合。函数被转换为函数中间表示（IR），中间表示构造出一个能够在不同设备上解析和执行的计算图。在执行前，计算图上应用了多种软硬件协同优化技术，以提升"云、边、端"等不同场景下的性能和效率。MindSpore 支持动态图，更易于检查运行模式。由于采用了基于源码转换的自动微分机制，所以动态图和静态图之间的模式切换非常简单。为了在大型数据集上有效训练大模型，通过高级手动配置策略，MindSpore 可以支持数据并行、模型并行和混合并行训练，具有较强的灵活性。另外，MindSpore 还具有自动并行功能，即通过在庞大的策略空间中进行高效搜索找到一种快速的并行策略。

8.1.3　应用成效

华为 Atlas 人工智能解决方案自 2019 年正式商用以来，在电力、交通、金融、安防、运营商、制造、超算等多个行业中得到广泛应用，在各行业的数字化转型中发挥了重要作用。华为 Atlas 人工智能解决方案凭借设计和技术优势多次获奖，例如，Atlas 入选国家新一代人工智能开放创新平台，Atlas 500 智能小站两次荣获东京 Interop 展大奖，Atlas 500 智能小站和 Atlas 300 AI 加速卡荣获德国红点设计大奖，异构服务器荣获中国国际工业博览会大奖。Atlas 设备实物如图 8-1 所示。

图 8-1　Atlas 设备实物

资料来源：华为

8.2　百度城市AI计算中心

8.2.1　能力介绍

"百度大脑"是百度通用 AI 能力之集大成者，已有近 1400 项 AI 开放能力。在算力方面，百度自主研发的云端通用芯片昆仑芯 1 代已在百度搜索引擎和智能云生态伙伴等场景广泛部署，具有高性能和高性价比。目前，新一代 7nm 昆仑芯 2 代芯片已实现量产，其性能比昆仑芯 1 代提升 3 倍。在算法方面，百度飞桨是中国自主研发的第一个深度学习平台，相当于 AI 时代的操作系统，目前服务了 15.7 万家企业。最近 4 年，在中国人工智能专利申请和授权方面，百度始终排名靠前。百度技术与产品体系如图 8-2 所示。

图 8-2　百度技术与产品体系

资料来源：百度

百度在 AI 算力、算法、开放平台、开发者生态等方面建立的领先优势，正转化为百度智能云"云智一体"的差异化竞争力，进入强劲增长的快车道。目前，百度智能云在智能制造、智慧金融、智慧城市、智慧能源、智慧医疗等领域拥有领先的产品、技术和解决方案。

8.2.2　总体框架

1. 技术架构

百度城市 AI 计算中心旨在打造统一调度、协同工作的人工智能服务平台，既可以向上层应用提供平等开放的 AI 分析服务和机器学习算法服务，同时也可以利用数据积累和算法生态链进行自身建设。百度城市 AI 计算中心可以实现算法自学习，不断丰富算法 / 模型库，支撑全场景应用的智能化成长、扩充。百度城市 AI 计算中心的技术架构如图 8-3 所示。

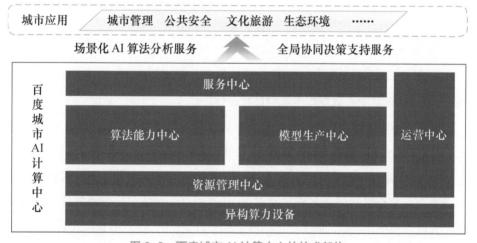

图 8-3　百度城市 AI 计算中心的技术架构

资料来源：百度

百度城市 AI 计算中心的总体架构包括 6 个部分：异构算力设备、资源管理中心、模型生产中心、算法能力中心、服务中心和运营中心。

异构算力设备提供城市 AI 计算中心所需的异构 AI 算力设备和配套硬件设备，具体包括 GPU 算力设备、CPU 算力设备、百度昆仑芯片算力设备、其他异构芯片算力设备、安全设备、网络设备、高性能算力设备、高性能存储设备等。

资源管理中心具备异构算力资源管理和多模态数据管理功能，能够提供城市 AI 计算中心所需的算力资源和数据资源。

模型生产中心基于城市 AI 计算中心的算法训练能力，可以根据本地数据和业务需求进行针对性算法训练，支撑各领域小场景模型训练和算法二次调优，同时提供人工智能数据标注、样本库管理能力。

算法能力中心具备 AI 算法能力建设与对应的算法库、算法管理等功能，可以对多厂商、多模态的 AI 算法进行统一管理，提供各类基础共性算法和场景化 AI 算法。

服务中心对接算法能力中心提供的 AI 算法服务，为上层应用提供更人性化的模型管理、服务封装，同时提供 AI 应用服务功能，作为构建应用服务的门户，面向各专业领域的应用系统提供服务支撑。

运营中心主要对城市 AI 计算中心的运行情况、算力资源消耗情况、算法调用情况等进行可视化分析展示，同时提供算法效能评测、准确率评测、A/B 测试等功能。运营中心在确保数据安全的前提下，支持算力资源、AI 数据资源、AI 模型的开放运营，这样可提升城市 AI 计算中心的效益。

2. 技术路线

按照"算法与平台解绑、软件与硬件解绑、数据与应用解绑"的总体思路，百度城市 AI 计算中心按照以下原则进行设计。

一是应用和数据解绑、统一赋能。 解耦应用系统和业务算法，建设统一的 AI 能力中台，打通底层数据，统一进行 AI 赋能，实现业务场景联动，高效、协同服务。

二是算法松耦合、整合控制。 解耦算法和平台，建设开源、开放的底层深度学习平台，整合已建平台和新建城市 AI 计算中心，对接多厂商业务算法，进行统一管理、控制、测试，向上层应用提供综合且灵活的 AI 分析和算法服务。

三是端云协同、训练识别一体化。 端侧负责轻量级 AI 处理（例如，人脸抓拍、特征提取等），云侧负责深度分析（例如，人脸比对、以图搜车、人体结构化分析等）及深度预测和预警处理。云侧可对算法进行自我训练和轻量化改造，还可下发到端侧进行更新。

四是挖掘数据价值、自我演进优化。 应用沉淀了大量的数据，通过标注完成算法迁移学习和自迭代优化，更好地贴合实际业务场景，实现越用越好的效果。

五是自主可控、开放兼容。 依托百度飞桨深度学习平台，匹配异构 AI 芯片，打造城市 AI 计算中心算法底座，兼容 Caffe、TensorFlow、PyTorch 等深度学习框架，借助算法仓库，兼容多厂商业务算法，实现统一管理和调度。

3. 服务应用

百度城市 AI 计算中心基于百度云智一体 2.0 架构，利用百度飞桨深度学习平台、百度昆仑 AI 芯片，以及全栈人工智能技术优势，打造城市级统一的人工智能中枢，服务城市高效治理，引领 AI 产业快速发展。

百度城市 AI 计算中心可为上层应用提供场景化的 AI 分析服务，支撑城市运营指挥中心、智慧应急、智慧政务、智慧公安等应用。百度城市 AI 计算中心对这些应用接入的视频、图片、语音、文本等数据进行智能分析处理，为各类应用提供预测、预警类机器学习算法分析服务，发现城市潜在的运行规律，提供全局协同的决策支持服务。百度城市 AI 计算中心功能如图 8-4 所示。

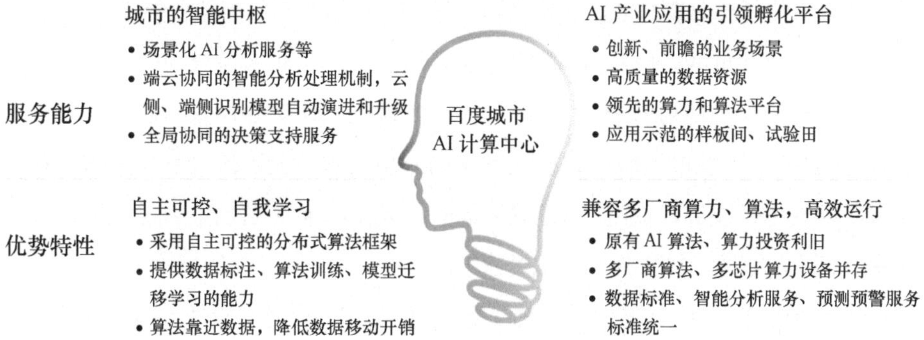

	城市的智能中枢	AI 产业应用的引领孵化平台
服务能力	• 场景化 AI 分析服务等 • 端云协同的智能分析处理机制，云侧、端侧识别模型自动演进和升级 • 全局协同的决策支持服务	• 创新、前瞻的业务场景 • 高质量的数据资源 • 领先的算力和算法平台 • 应用示范的样板间、试验田
优势特性	自主可控、自我学习 • 采用自主可控的分布式算法框架 • 提供数据标注、算法训练、模型迁移学习的能力 • 算法靠近数据，降低数据移动开销	兼容多厂商算力、算法，高效运行 • 原有 AI 算法、算力投资利旧 • 多厂商算法、多芯片算力设备并存 • 数据标准、智能分析服务、预测预警服务标准统一

图 8-4　百度城市 AI 计算中心功能

资料来源：百度

百度城市 AI 计算中心提供多模态的人工智能算法服务，能够全面感知城市运行状态，汇聚城市治理领域相关的全量多源异构数据，对非结构化（视频、图片、语音、文本等）数据进行实时计算分析，帮助相关人员了解城市的实时运行状态。

百度城市 AI 计算中心提供大规模机器学习算法服务，能够深度、精准地认识城市运行规律，识别城市治理的难点和痛点。

百度城市 AI 计算中心提供具备多模态语义理解能力的 AI 计算中心，能够提升城市治理流程自动化、决策智能化。

百度城市 AI 计算中心支持具有主流机器学习和深度学习框架的算法工厂系统，满足各类业务需求模型的学习和训练。百度城市 AI 计算中心基于主流机器学习和深度学习框架，提供个性化和碎片化的模型训练能力，从而不断扩展人工智能应用场景和应用深度，以满足新模型的构建和原有算法的优化提升需求。

百度城市 AI 计算中心支持"云、边、端"协同的人工智能应用体系，能够实现算法共享共用及算力统一管理、按需部署等，满足不同层级、不同应用场景的 AI 算法、算力需求。

8.2.3 方案优势

百度城市 AI 计算中心解决方案具备以下 3 个优势。

一是百度城市 AI 计算中心打造了异构 AI 算力资源池，通过创新的虚拟加速卡技术和异构动态调度技术，降低异构 AI 芯片的使用差异，根据 AI 训练和推理所需的计算要求，打造统一的算力资源池，提升算力资源的使用效率，降低各类算法厂商的开发和部署难度，促进城市领域智能化场景和应用落地普及。

二是百度城市 AI 计算中心基于开源开放的百度飞桨深度学习平台，构建了算法管理底座，实现对多模态、多厂商、多领域的 AI 算法的统一管理。百度城市 AI 计算中心可以根据城市智能化场景的应用需求，灵活进行算子编排、应用发布、场景化封装等，促进了 AI 算力的共享复用，灵活满足了智能化应用场景的使用需求，促进了城市的智能化升级改造。

三是百度城市 AI 计算中心打造了数据标注、AI 数据集管理、模型训练、推理识别一体化的 AI 生产平台，极大地提升了城市领域个性化 AI 算法的生产效率。同时借助数据标注、AI 数据集管理、AI 运营管理等极具特色的功能，充分挖掘城市异构数据价值，促进政府数据开放，提升属地 AI 产业的发展。

8.3 腾讯云智天枢平台

8.3.1 能力介绍

在算法研究方面，腾讯拥有 800 余项 AI 相关专利。2015 年，腾讯基于深度学习的理念研发了 Uface 人脸识别算法，并于同年在 LFW 数据库上开展评测，以 99.56% 的准确率，位列世界第一。2017 年，腾讯研发出"优图祖母模型"，模型深度从 10 层至 1000 层，可以应对大部分场景数据，解决异源数据的融合问题。2019 年，腾讯研究步态识别技术，并刷新了步态识别领域两大核心数据集（CASIA-B 数据集和 OU-ISIR MVLP 数据集）的成绩，部分情景识别准确率提升了 11.3%。

在行业应用方面，腾讯打造了超过 15 种行业解决方案，为腾讯公司内部 90 余个产品业务提供 AI 技术支持，例如，QQ、微众银行、微信、微视、腾讯云等。在教育行业，腾讯持续拓展 OCR 技术，例如，将速算、公式、作文批改、试题结构化包装为完整方案的具体产品。在研发与拓展全新 AI 应用和解决方案的同时，腾讯不断优化算法研究与产品技术，为客户实现降本增效。

在学术研究方面，腾讯在国际计算机视觉大会（International Conference on Computer Vision，ICCV）、国际计算机视觉与模式识别会议（Computer Vision and Pattern Recognition，CVPR）、国际先进人工智能协会（Association for the Advance of Artificial Intelligence，AAAI）主办的年会等会议上公开发表了多篇论文，仅 2020 年就被 CVPR 接收 17 篇论文。此外，腾讯与中国科学院软件所、中国科学院自动化研究所、上海交通大学、厦门大学、中山大学、美国密歇根州立大学等超过 50 所国内外高校和研究所开展合作项目，在人脸人体基础技术、神经网络模型压缩、视觉内容检索、工业 AI 研究、视频内容分析等研究方向上进行合作，并将其应用到 AI 等相关行业，已经取得一定的创新性成果。

8.3.2　方案介绍

腾讯云智天枢平台（TI Matrix Platform）是基于腾讯先进 AI 能力和多年技术经验，面向政府和企业提供的全栈式人工智能服务平台，致力于打通包含从数据采集、数据标注到模型部署、AI 应用开发的"产业 + AI"落地全流程链路，尤其是帮助用户解决从模型训练完成到在实际业务场景中落地的"最后一公里"问题，从而助力政府和企业加速数字化转型并促进 AI 行业生态共建。

云智天枢平台的六大模块是算法仓库、数据中心、设备中心、应用中心、AI 工作室和管理中心，支持快速连接"云、边、端"、数据、算法与智能设备，并提供组件编排工具以支持服务和资源的管理及调度。此外，该平台进一步对 AI 服务组件持续集成，开放标准化接口，整合内外部算法、数据、设备资源，从而"一站式"满足复杂 AI 业务场景对人工智能服务的需求。

云智天枢平台在使用时会引入的角色除了平台厂商腾讯云和用户方，还有提供算法、数据和设备的第三方。这种开放的设计使云智天枢平台能够以生态共建的方式满足用户对算法、数据和设备的多样化需求，从而解决当前用户对 AI 建模和数据的需求与单一 AI 厂商供应能力不足之间的矛盾。

云智天枢平台的能力包括应用场景、资源和基础设施、数据、算法和模型、智能设备 5 个方面。

在应用场景方面，云智天枢平台提供标准化算法、数据、设备服务接口，支持第三方应用快速接入；支持在平台中使用内置工具，快速将原子级算法、数据、设备服务与简单的控制逻辑组装成满足复杂 AI 业务场景的应用。

在资源和基础设施方面，云智天枢平台向 AI 应用运行提供弹性伸缩、运维监控、容器化用户管理等功能；公有云版本的平台提供随需而变的计算资源选择。

在数据方面，云智天枢平台提供数据输入 / 输出，支持各种数据源的结构化、非结构化数据以实时、异步的方式接入，数据接入实现对用户透明；提供数据转换工具，支持主流数据转换需求，且内置常用数据转换模板，覆盖重点行业的数据标准；提供数据标注工具和服务，不仅帮助用户自助标注，还能提供端到端的数据标注解决方案。

在算法和模型方面，云智天枢平台提供模型部署、服务发布、模型评估、模型迭代等功能，支持对自研或第三方模型在平台服务端和边缘端的应用和管理。

在智能设备方面，云智天枢平台从设备接入、设备升级、设备监控等方面提供对智能设备的全方位管理。

8.3.3 平台优势

1. 技术优势

云智天枢平台在技术上采用容器和微服务架构，这样设计的好处在于能够及时响应用户对于业务创新的需求，增强 AI 服务的技术性能。一方面，基于云智天枢平台采用的容器和微服务架构，能够满足用户进行快速业务创新的需求，能够快速将算法、数据、设备、应用以微服务的方式解耦。若要对其中任一模块进行调整，就要考虑是否对整个 AI 应用有影响，还要加速 AI 新应用场景的开发。

另一方面，AI 服务具有微服务在技术性能方面的优势（例如，灰度发布、弹性伸缩、高可用、无单点性能瓶颈等）。

2. 业务优势

云智天枢平台能够帮助政企用户快速实现业务创新。云智天枢平台支持服务组件自定义开发和托管部署，支持快速接入外部算法和模型，并将模型部署上线封装成服务，调用模型更方便；AI 工作室可提供 AI 任务模板配置，并能快速使用模板创建 AI 任务，服务组件组装灵活，创建新任务时调试成本低；云智天枢平台数据中心支持异构数据源接入，将数据按需推送到平台的各种应用上，降低开发新应用时数据对接的成本；云智天枢平台应用中心的 API 网关将平台内的算法、模型、数据、设备以服务形式对外开放，支持应用开发者按需使用，避免开发新业务时重复"造轮子"，从而提高创新效率，降低创新成本。

3. 方案优势

（1）场景解耦

云智天枢平台支持将 AI 业务场景解决方案中的 5 个要素（算法、计算资源、设备、数据、应用场景）解耦。解耦后带来的好处是：当 AI 业务场景解决方案中某一个要素发生变化时，不仅对其他要素带来的影响很小，而且能够快速调整，形成新的完整的解决方案。AI 应用服务平台架构如图 8-5 所示。

注：1. IPC（Interprocess Communication，进程间通信）。

图 8-5　AI 应用服务平台架构

资料来源：腾讯

（2）全环节落地

云智天枢平台定位于满足产业 AI 落地全环节需求，因此平台中包含从设备接入、数据接入、模型服务、服务组合到服务应用的全过程功能，能够消除 AI 模型从实验室训练到产业环境落地的"最后一公里"差距，真正帮助政企用户在实际业务场景中使用 AI 能力。

（3）多算法接入

云智天枢平台支持第三方算法接入，通过引入第三方模型训练资源，真正解决政企用户大量的 AI 模型需求与单一 AI 厂商模型训练供应量不足之间的矛盾。云智天枢平台支持算法提供者自助接入算法，这样做接入效率高，平均算法接入时间小于 1 天。云智天枢平台已接入的算法数量超过 20 个，正在接入的算法超过 100 个。部分接入算法如图 8-6 所示。

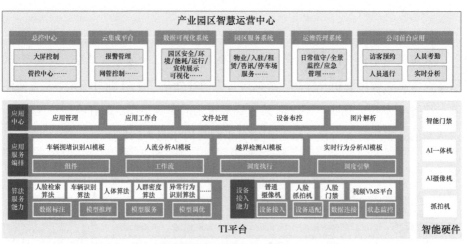

图 8-6　部分接入算法

资料来源：腾讯

云智天枢平台与人相关的模型包括人脸属性、人脸检索、人脸优选、人脸核身、人群密度、行人属性等。与车辆相关的模型能够支持机动车属性、非机动车属性、车辆追踪算法、机动车特征、非机动车特征、机动车检索、非机动车检索等。与 OCR 相关的模型包括行驶驾驶证 OCR、护照 OCR、身份证 OCR、通用印刷体OCR、银行卡 OCR、营业执照 OCR 等。与人员行为识别和人员特征识别相关的模型包括安全帽识别、打架识别、摔倒识别、越界识别、重点区域人员徘徊识别等。与特殊检测相关的识别算法包括河道漂浮物识别算法、火焰识别、机动车占道识别、小摊贩占道识别、餐饮出店经营检测、自行车占道识别、电动摩托车占道识别。其他 AI 模型包括 X 光机违禁品检测和表结构化等。

（4）多设备接入

云智天枢平台支持第三方设备接入，以满足实际业务场景中对数据采集和边缘计算的需求。目前，云智天枢平台已对接多家主流 AI 设备供应商，支持和适配的智能设备类型超过 5 种。

（5）灵活组合

在云智天枢平台中，用户可通过 AI 工作室编排对算法、设备、数据接入等微服务的灵活组合，实现复杂的业务场景。

8.4　趋动科技Orion X计算平台

8.4.1　方案介绍

趋动科技 Orion X 计算平台可以解耦 AI 应用与 GPU 卡的绑定关系，将物理服务器上的 GPU 整合为共享资源池，支持 AI 应用在本地或通过网络远程调度使用。Orion X 计算平台除了能对物理 GPU 进行传统意义上的算力切分（颗粒度为 1%），显存切分（颗粒度为 1MB）成 Orion XvGPU（vGPU 是英伟达公司的注册商标，这里指 Orion XvGPU），还可以跨主机对 vGPU 资源进行远程调用，聚合多个 vGPU 资源给上层应用，使 CPU 和 GPU 分离，达到本地和远程 GPU 随需调用的目的。另外，Orion X 计算平台还支持 vGPU 资源的超分、任务的排队、优先级（插队）、热迁移等高级特性。需要注意的是，Orion X 计算平台可以用在云端、物理机、虚拟机、容器和 K8s（全称为 Kubernetes，是为容器服务而生的一个可移植容器的编排管理工具）的环境里。Orion X 计算平台架构如图 8-7 所示。

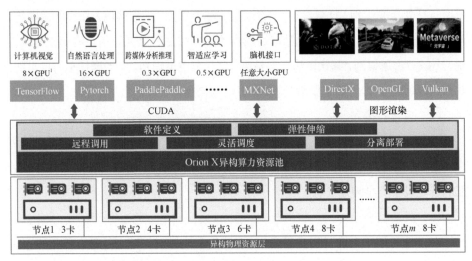

注：1.8×GPU即计算机视觉这个应用需要消耗8个GPU，其余应用以此类推。

图 8-7　Orion X 计算平台架构

资料来源：趋动科技

Orion X 计算平台的功能主要有 2 个：一是资源的管理，把 GPU 资源进行池化后统一管理（支持超分）；二是资源的使用，支持使用者对资源的预定、即时申请、配额管理、资源等待排队、优先级、用后释放等。在供给和使用外，Orion X 计算平台还提供了运维功能，包括对 GPU 资源的使用监控，任务详情、日志的显示，客户端的无感升级，服务端的灰度升级等。

8.4.2　平台优势

Orion X 计算平台可帮助用户构建数据中心级 AI 加速器资源池，使用户的应用不需要修改就能透明地共享，以及使用数据中心内任何服务器之上的 AI 加速器，不但能够帮助用户大幅提高资源利用率，而且可以提升算法工程师的工作效率，加速产品上市周期。目前已有多家人工智能、互联网和公有云的领先企业使用 Orion X 计算平台。

Orion X 计算平台分配的 GPU 资源，无论是本地 GPU 资源，还是远程 GPU 资源，均是软件定义、按需分配。与通过硬件虚拟化技术得到的资源不同的是，这些资源的分配和释放都能在瞬间完成，而且所有上述的资源分配和释放都不需要虚拟机重启。

人工智能是第四次工业革命的引领技术，基于 AI 加速器的深度学习是人工智能发展的关键所在，无论是国家还是企业，都应该通过技术创新在这一次全世界范围内的浪潮中开辟属于自己的一片天地。Orion X 计算平台不仅能够帮助企业和开发者更好地实现 AI 加速器资源的管理和调度，同时也开创了"AI 加速器弹性资源池化＋异构加速器管理和调度"的新赛道。

8.5 燧原科技液冷训练集群

8.5.1 能力介绍

燧原科技专注人工智能领域云端算力产品，致力于为人工智能产业发展交付普惠的基础设施解决方案，提供基于自主知识产权的创新性架构、通用的人工智能训练和推理产品。燧原科技智能计算中心算力集群架构如图 8-8 所示。

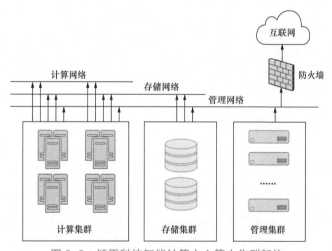

图 8-8 燧原科技智能计算中心算力集群架构

资料来源：燧原科技

基于原始创新、全栈自研的软硬件基础架构，协同产业链上下游合作伙伴的力量，燧原科技的产品已在游戏 AI、金融票据识别、车路协同、智慧城市视频结构化处理等场景广泛落地。同时，作为行业领先企业，燧原科技一直在绿色低碳技术上持续深耕，为大型科研机构提供了超大规模液冷训练集群方案。

8.5.2 方案介绍

燧原科技针对智能计算中心的智能计算集群，设计出计算芯片DTU2.0，从而提供极致的AI算力，有力支撑高精度（FP32/TF32）训练、高效能（FP16/INT8）推理应用；通过自主研发的GCU-LARE智能互联技术，实现从单机多卡到多机多卡甚至高达千卡级别不同规模的高性价比互联方案，同时确保较高的线性加速比。燧原智能计算中心液冷训练集群方案如图8-9所示。

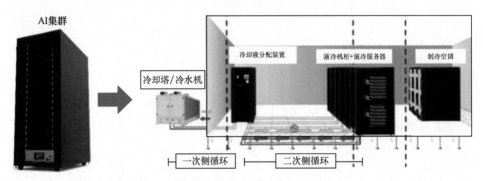

图8-9　燧原智能计算中心液冷训练集群方案

资料来源：燧原科技

8.6　算能AI智能计算中心平台

算能AI智能计算中心平台打造了一个统一平台，设立AI算力资源池和算法资源池，构建统一的算力和算法调度平台，通过智能计算中心运营和生态链建设丰富的算法资源池，支撑应用层在各行各业的快速成长，为各行业的业务进行AI赋能。算能AI智能计算中心平台的整体架构如图8-10所示。

整体架构自下而上分为4层：算力层、算法层、平台层、应用层。这4层环环相扣，各司其职，构成完整的智能计算中心平台。

算力层为x86服务器、TPU服务器等异构硬件构成的硬件算力资源池，作为算法的硬件底层，其性能直接决定整套系统的算法运行情况。同时，算能算力层支持全网算力的统一管理，支持把中心和边缘算力进行分层分域管理应用。算法层由各种车辆算法、各种结构化算法等其他算法共同组成，通过引入不同生态伙伴的算法，统一管理、调度、运营，对前端视频数据、图片数据进行分析计算。平台层负责对算力统一调度，按需分配，并可对算法层内的算法进行统一安装、升级、调度。其中，AI 工具可用于进行算法评测和改进，保障算法池的先进性和可用性。应用层直接对接用户，契合用户业务，根据平台层提供的数据，支持应急指挥、平安城市、移动执法及智慧交通等相关业务应用。

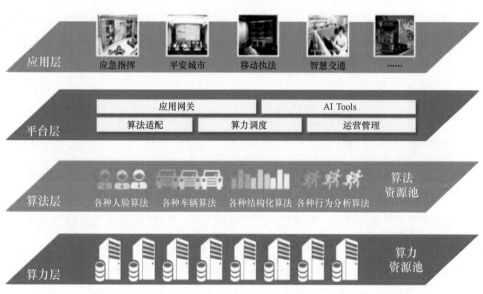

图 8-10　算能 AI 智能计算中心平台的整体架构

资料来源：算能科技

8.7　寒武纪人工智能算力平台

8.7.1　能力介绍

寒武纪人工智能算力平台（Cambricon Artificial Intelligence Platform，CAIP）是面向 AI 科学家、业务专家、AI 工程师打造的"一站式"AI 开发、预测和部署的平台，为 AI 开发过程提供 AI 资产管理（数据、算法、模型）、在线交互式开发、分布式训练、模型可视化、模型预测及部署功能，帮助用户快速训练和部署模型，并且管理全周期 AI 工作流。

CAIP 支持多种异构计算资源（CPU、GPU、MLU）的统一调度和管理，用户可以通过一个平台同时使用多种算力资源。CAIP 支持多层级的用户管理体系，支持多租户管理，不同用户的业务完全隔离，保证用户业务安全稳定运行。

CAIP 致力于提供易用、便捷、高效、可靠、交互感强、端到端的一体化的 AI 服务平台，让用户可以专注于模型与算法本身，并得到优质的模型与部署效果。

8.7.2　架构设计

CAIP 的整体架构包含集群硬件层、平台软件层和用户业务层。

集群硬件层包含 MLU 服务器、GPU 服务器、高速网络系统、分布式存储、安全设备。

平台软件层提供 AI 开发全流程工具和平台组件服务，包括数据准备、模型开发和训练、模型部署、管理和运维。CAIP 可提供数据标注功能，支持多场景下的数据集管理和样本集管理。在模型开发和训练方面，CAIP 提供了 Jupyter Notebook 交互式模型开发工具，支持多机多卡分布式训练，支持多种分布式训练方式，包括 Horovod、PyTorch 原生、TensorFlow 原生等，满足不同的建模需求；在模型部署方面，CAIP 提供模型在线部署服务，支持在线服务的弹性伸缩和灰度升级；在管理和运维方面，CAIP 提供了集群监控软件，可以细颗粒度地进行集群监控、告警和管理，快速支撑运维人员进行故障处置。

在用户业务层，CAIP 提供通用便捷的 AI 平台工具服务，帮助用户快速开展 AI 业务的开发和部署，可支持视觉、语音、自然语言、推荐系统等多个方面的应用。

8.7.3　核心优势

CAIP 提供多元化的异构计算资源（CPU、GPU、MLU）、丰富的预置算法和数据集，适配主流的编程框架（TensorFlow、PyTorch、MXNet），在不改变用户使用习惯的基础上，帮助用户快速进行 AI 开发。CAIP 能够提供更细粒度的资源管理、更高的资源利用率、更安全的开发环境。

CAIP 的核心优势包括以下 4 个方面。

一是上手容易、自由度高。CAIP 预置常用的镜像、数据集和算力，减少用户前置工作；预置企业 AI 应用的参考解决方案，支持算法开发和训练任务克隆，用户可以零开发快速复制一个开发环境，快速进行功能试用；适配原生的 Jupyter 组件，不改变用户原有的使用习惯；全程界面化交互式操作，降低用户上手门槛。

二是算力调度能力强、资源管理颗粒度细。CAIP 支持多种不同资源的调度，例如，CPU、GPU、MLU；支持板卡虚拟化技术，可调度 1、1/2、1/4 张加速卡；支持 AI 场景的定制调度策略（批量调度、Bin Pack 防碎片化调度等）；支持单机多卡、多机多卡等多场景分布式训练的资源快速调度；支持根据不同的 MLU 拓扑进行多机多卡调度。

三是 AI 场景功能全覆盖、任务编排灵活自由。支持数据标注、数据集处理、算法开发、模型训练、模型发布和部署全场景功能覆盖；支持 AI 批量训练任务、Tensorboard 训练可视化监控；支持高自由度灵活性任务编排能力；支持任务优先级自定义；支持用户自定义选择不同的存储集群和网络环境。

四是"一站式"开发平台、易扩展的架构设计。平台组件式的开放架构设计可快速扩展支持各种自定义功能组件，包括模型量化、离线模型转换等。

8.8　一流科技"一站式"AI开发服务平台

8.8.1　能力介绍

一流科技的"一站式"AI 开发服务平台——OneBrain 具备人工智能全栈能力，支持私有化部署智能计算中心，"一站式"构建成熟、专业、规模化的专有人工智能集群管理和 AI 开发平台。

OneBrain 基于原生的分布式深度学习框架 OneFlow，支持超大数据、超大模型的人工智能训练；具备全栈 AI 开发能力，能够实现数据管理、算法开发、模型构建和溯源、模型部署、模型运维 / 监测的全生命周期管理；兼容异构算力资源，兼容国内外主流的 CPU、AI 计算卡，实现对异构算力资源集群的管理；提供多种便捷的接入，支持镜像、API、SaaS 等方式。

OneBrain 支持智能制造、教学科研、智能物流、医疗及生命科学、文化创意等多个场景，并提供专业服务保障，建立 7×24 小时问题响应机制，保障设备平稳运行。OneBrain 系统架构如图 8-11 所示。

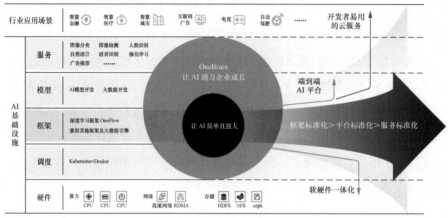

图 8-11　OneBrain 系统架构

资料来源：一流科技

8.8.2　技术方案

1. 全生命周期管理

OneBrain 涵盖数据准备、模型预备、模型构建 / 更新、模型部署、DevOps、模型运维 / 监测的全生命周期，能够实现持续开发、持续集成、持续部署。全生命周期管理如图 8-12 所示。

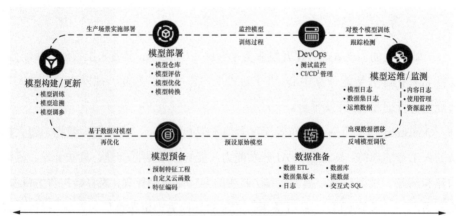

注：1. CI/CD是一种通过在应用开发阶段引入自动化来频繁向客户交付应用的方法。CI指Continuous Integration，持续集成。CD指Continuous Deployment，持续部署。

图 8-12　全生命周期管理

资料来源：一流科技

2. 数据集管理

数据集管理包括数据托管、可视化版本管理、数据集标注工具和数据回流。基于云服务托管或授权托管，数据集管理采用可回溯的数据版本记录数据的索引变更，避免存储浪费，并在线协同标注数据。

3. 模型构建

OneBrain 拥有丰富且成熟的算法组件，包含经典的数据预处理、特征工程、分类、回归、聚类、评估等。其中，AutoML 可以自动调整参数，不需要编程基础，并提供快速的解决方案，支持多版本深度学习框架和可视化建模。

4. 模型管理

模型管理包括模型版本管理、模型评估和模型转换。模型版本管理通过记录版本代码、数据集版本、环境、参数、评估报告等方式，实现模型可追踪，并确定模型处于何种状态（评估中、已部署、已下线）。模型评估能够提供可视化报告。模型转换能够保障模型适配不同环境和异构 GPU。

5. 模型部署

模型部署能够分析部署模型时要创建服务的资源容量，实现一键命令行部署模型、一键创建 Docker 镜像和"云、边、端"部署。模型部署如图 8-13 所示。

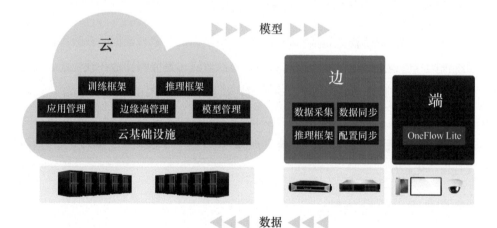

图 8-13　模型部署

资料来源：一流科技

6. DevOps（CI/CD 管道自动化）

DevOps 如图 8-14 所示。

DevOps（CI/CD 管道自动化）

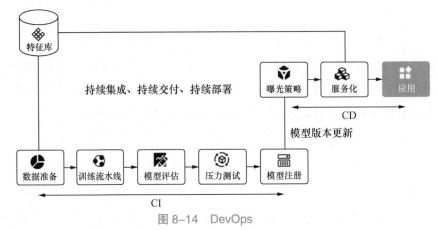

图 8-14　DevOps

资料来源：一流科技

7. 全链路监控

全链路监控由数据集日志、模型日志、资源监控（存储、计算、网络）、内容日志、使用日志、在线模型监测等组成。

8. 全流程跟踪

全流程跟踪提供模型元数据管理，跟踪模型训练版本、数据、参数等，确定训练产物存储地址，记录模型流转状态。跟踪监测运维能够评估在线性能、在值偏离预期时进行回滚版本，或者潜在地调用机器学习流程中的新迭代版本。

9. 支持异构计算资源

OneBrain 支持多种架构、多种类别的 AI 芯片，兼顾业界主流与自主可控，支持国产化芯片。

8.8.3　平台优势

（1）多租户资源调度

多租户资源调度如图 8-15 所示。

（2）混合云管理

通过混合云管理，平台可提供多种混合算力解决方案、公共资源管理与专属资源管理。混合云管理如图 8-16 所示。

图 8-15 多租户资源调度

资料来源：一流科技

图 8-16 混合云管理

资料来源：一流科技

（3）高性能分布式训练

依托高性能分布式训练，OneBrain 可支持多机多卡分布式训练及共享空间数据交换。高性能分布式训练如图 8-17 所示。

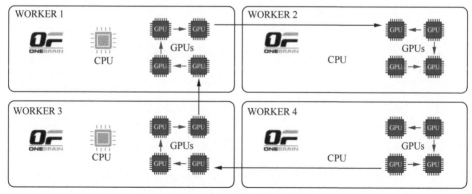

图 8-17 高性能分布式训练

资料来源：一流科技

（4）GPU 虚拟化

GPU 虚拟化采用多集群统一管理，降低管理复杂度和成本，通过 GPU 虚拟化资源池提高资源利用率和吞吐率，支持大规模多用户同步使用。GPU 虚拟化如图 8-18 所示。

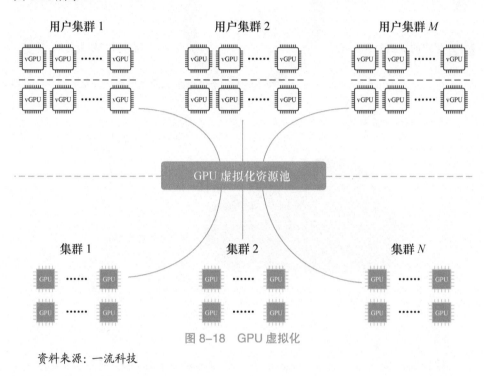

图 8–18　GPU 虚拟化

资料来源：一流科技

第九章
智能计算中心的高质量发展

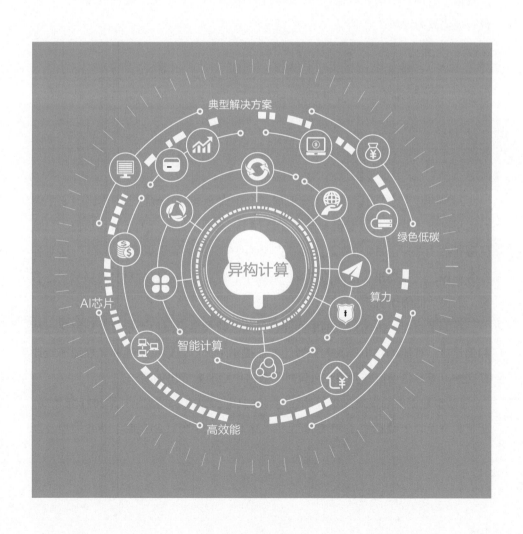

2021 年 7 月，工业和信息化部发布的《新型数据中心发展三年行动计划（2021—2023 年）》指出，数据中心将向着具备高技术、高算力、高能效、高安全特点的新型数据中心演进，智能计算中心作为智能算力生态体系的建设基点和新型数据中心演进的必经阶段，在呈现高算力特征的同时，需要提高能效水平，实现智能化算力应用。

9.1 高能效

9.1.1 建设要求

2020 年 9 月 22 日，在第七十五届联合国大会一般性辩论上，中国国家主席习近平指出："中国将提高国家自主贡献力度，采取更加有力的政策和措施，二氧化碳排放力争于 2030 年前达到峰值，努力争取 2060 年前实现碳中和。"这对各行各业绿色发展提出了更高的要求，数据中心行业作为能耗大户，需要从长远考虑，加快节能降碳研究。

在国家层面，国家对数据中心绿色低碳的建设要求呈现严格化、指标化、精细化趋势，智能计算中心为人工智能产业提供了大规模数据处理和高性能智能计算支撑，但其建设仍需要关注政策对于数据中心能效提出的要求。

《新型数据中心发展三年行动计划（2021—2023 年）》指出，到 2021 年年底，新建大型及以上数据中心 PUE 降低到 1.35 以下；到 2023 年年底，新建大型及以上数据中心 PUE 降低到 1.3 以下，严寒和寒冷地区 PUE 力争降低到 1.25 以下。

《"十四五"信息通信行业发展规划》更是首次把 PUE 作为统计指标，提出新建大型和超大型数据中心 PUE 从 2020 年的 1.4 降低到 2025 年的 1.3 以下，PUE 成为衡量数据中心绿色低碳水平的重要指标。

2021 年，《国家新型工业化产业示范基地（数据中心）申报要求》显示，大型规模以上数据中心运行年均 PUE 不超过 1.4，投产运行不满一年的，要求年均 PUE 不超过 1.4。同时，申报的数据中心需要获得国家部委或第三方权威机构授予的相关绿色认证。

《国家新型工业化产业示范基地（数据中心）申报要求》（节选）如图 9-1 所示。

附表 4

国家新型工业化产业示范基地（数据中心）申报要求

国家新型工业化产业示范基地（数据中心）是指按照《关于数据中心建设布局的指导意见》提出的布局导向和原则规划建设，在节能环保、安全可靠、服务能力、应用水平等方面具有示范作用、走在全国前列的大型及超大型数据中心集聚区，以及达到较高标准的中小型数据中心。具体申报条件如下。

9	节能环保	数据中心运行年均 PUE≤1.4（对于投产运行不满 1 年的，要求设计年均 PUE≤1.4），或年均 PUE 达到《数据中心资源利用 第 3 部分：电能能效要求和测量方法》（GB/T 32910.3）中较节能级别（1.6）	约束性	大型规模以上
10		数据中心运行年均 PUE≤1.6	约束性	中小型
11		数据中心获得国家部委或第三方权威机构授予的相关绿色认证，如"国家绿色数据中心名单"、数据中心绿色等级评估 4A 级以上认证或其他绿色数据中心认证	引导性	通用

图 9-1　《国家新型工业化产业示范基地（数据中心）申报要求》（节选）

《贯彻落实碳达峰碳中和目标要求 推动数据中心和 5G 等新型基础设施绿色高质量发展实施方案》要求到 2025 年，全国新建大型、超大型数据中心平均 PUE 降到 1.3 以下，国家枢纽节点平均 PUE 降到 1.25 以下，绿色低碳等级达到 4A 级以上。数据中心低碳等级评估如图 9-2 所示。

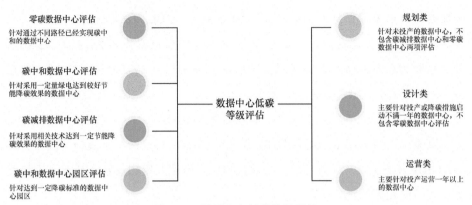

图 9-2　数据中心低碳等级评估

资料来源：ODCC

在地方层面，各地高度关注新建及改造后的大型、超大型数据中心的 PUE 水平，要求绿色等级达到 4A 级及以上，进而以政策为抓手，实现智能计算中心绿色低碳发展。

《北京市数据中心统筹发展实施方案（2021—2023 年）》指出，要逐步关闭年均 PUE 高于 2.0 的功能落后的备份存储类数据中心，改造后的计算型云数据中心的 PUE 不应高于 1.3，新建的云数据中心的 PUE 不应高于 1.3，同时鼓励数据中心积极应用氢能、液冷分布式供电、模块化机房、可再生能源等绿色先进的节能降碳技术，探索再利用数据中心的余热、水资源、废旧矿坑、矿洞、闲置厂房、落后通信站等资源。

《上海市数据中心建设导则（2021 版）》明确指出，新建数据中心综合 PUE 第一年不应高于 1.4，第二年不应高于 1.3，IDC（互联网数据中心）绿色等级应达到 G4，宜达到 G5（G1 ～ G5 对应绿色等级为 A ～ 5A）。

《甘肃省数据中心建设指引》指出，到 2023 年年底，大型及超大型数据中心的 PUE 降到 1.3 以下，数据中心绿色等级达到 G4 及以上（即 4A 级及以上）；到 2025 年年底，大型及超大型数据中心的 PUE 力争降到 1.25 以下，绿色等级达到 G4 及以上（即 4A 级及以上）。

《云南省"十四五"大数据中心发展规划》指出，云南省新建的大型及以上数据中心绿色等级应达到 4A 级以上，PUE 达 1.3 以下，改造后 PUE 达 1.4 以下。

《江苏省新型数据中心统筹发展实施意见》要求，到 2023 年年底，江苏省新型数据中心的比例不低于 30%，高性能算力占比达 10%，新建大型及以上数据中心 PUE 降低到 1.3 以下。

9.1.2 发展现状

智能计算中心作为高算力、高能耗、大规模的数据中心，绿色低碳建设成为发展的必由之路，各企业积极探索智能计算中心能耗优化方案。

中国电信京津冀大数据智能算力中心分期采用了分布式锂电电源、背板空调、间接蒸发冷却等数据中心节能新技术，引入三联供、余热回收技术，使 PUE 降低至 1.2 以下，达到业界领先水平。

中原人工智能计算中心是我国第一个完全自主可控的全闪存、绿色低碳人工智能计算中心，显著降低了空间占用率和数据中心能耗水平，提高了存储效率，通过光伏等可再生能源与智能计算中心融合建设的方式，建立绿色低碳的智能计算中心。高端全闪存阵列架构如图 9-3 所示。

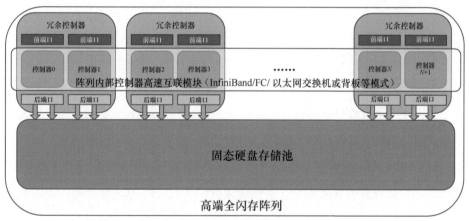

图 9-3　高端全闪存阵列架构

资料来源：ODCC

商汤科技智能计算中心优化制冷系统、用电系统和自身建筑能耗，预计年耗电节约量达到 5000 多万千瓦时，与此同时，通过异构硬件的方式，可规避非必要的通用性方式，提高 PUE 和能耗的降低幅度。商汤科技智能计算中心如图 9-4 所示。

图 9-4 商汤科技智能计算中心

资料来源：商汤科技

9.2 高算力

9.2.1 建设要求

国家高度重视数据中心算力发展水平，引导智能算力规模部署，满足算力指标值要求，实现数据中心高质量、智能化发展。

《新型数据中心发展三年行动计划（2021—2023 年）》首次提出了算力指标，指出要加快提升算力算效水平，重点提高单位算力，到 2021 年年底，全国数据中心总算力超过 120EFLOPS，到 2023 年年底，总算力超过 200EFLOPS，高性能算力占比达到 10%。该行动计划旨在引导数据中心集约化、高密度化建设，引导高性能算力部署，实现数据中心智能化。

《"十四五"信息通信行业发展规划》设定六大类共 20 个量化发展目标，新增基础设施方面的"数据中心算力"指标，2020 年年底，数据中心算力达到90EFLOPS，到 2025 年年底，将达到 300EFLOPS，算力年均增长率达 27%。同时强化现有数据中心的资源整合，有序发展规模适中、集约绿色、满足本地算力需求的数据中心，推动数据中心高质量发展。

地方政府加快人工智能算力布局，提高数据中心总算力规模和算力使用效率，通过阶段化、指标化的方式，增强算力算效水平。

《北京市数据中心统筹发展实施方案（2021—2023 年）》鼓励布局人工智能算力中心，推动形成 4000PFLOPS（即每秒 400 亿亿次浮点运算）总算力规模的人工智能公共算力基础设施。

《上海市推进新型基础设施建设行动方案（2020—2022 年）》提出，上海将率先构建全球领先的信息基础设施布局，为在"十四五"规划末期形成"GTPE"（G 级互联、T 级出口、P 级算力、E 级存储）发展格局奠定基础，打造亚太一流的超大规模人工智能计算与赋能平台，推动相关企业建设人工智能超算设施，围绕"算力、数据、算法"的研发与应用，提升算力的使用效率和原创算法的迭代效率。

《甘肃省数据中心建设指引》制定了 3 个阶段的发展目标，到 2021 年年底，甘肃省数据中心总算力超过 3.5EFLOPS；到 2023 年年底，总算力超过 5.5EFLOPS；到 2025 年年底，甘肃省数据中心总算力力争超过 6.5EFLOPS。

9.2.2　发展现状

我国已建成和规划在建的智能计算中心的算力规模持续扩大，计算速度大幅提高。中原人工智能计算中心规划建设算力规模达 300PFLOPS（每秒 30 亿亿次浮点运算），采用全球最快的 AI 训练集群——Atlas 900，一期已建成的算力规模达到 100PFLOPS，支撑"AI+ 制造""AI+ 医疗""AI+ 交通""AI+ 金融"等多个领域。南京智能计算中心采用业界领先的人工智能芯片和算力机组，已运营系统的 AI 算力达到 800POPS，实现每小时 100 亿张图像识别、300 万小时语音翻译和 1 万千米自动驾驶 AI 数据处理。中国电信京津冀大数据智能算力中心一期 4 栋数据中心的总算力可达到 30TFLOPS（每秒 30 万亿次浮点运算），显著提升了算力水平。商汤科技智能计算中心在 2022 年 1 月正式启动运营，其 AI 计算峰值速度达到 3740PFLOPS（每秒 374 亿亿次浮点运算），成为国际一流的 AI 计算平台。中国电信京津冀大数据智能算力中心如图 9-5 所示。

图 9-5　中国电信京津冀大数据智能算力中心

智能计算中心的算力网络性能持续优化，具备大带宽、低时延、高吞吐的特点，能够保证实施承载高、算力调度强、算力成本优。南京智能计算中心采用200G IB 芯片间高速互联网络，搭配全闪超高速存储系统，建立大带宽、低时延的算力网络，保障弹性和可伸缩扩展能力，响应 AI 应用对多任务、大规模、高并发、高吞吐的要求，同时将 AI 算力调度平台与虚拟化、容器化等技术相结合，实现算力在敏捷框架上的精准调度。中国电信京津冀大数据智能算力中心部署在全国网络的核心层和架构顶端，电路直联京津冀和长三角两圈，后续将开通到陕川渝和粤港澳大湾区的直达电路，保证网络时延低、实时承载高、算力调度强，实现"算力平台上的京津冀协同发展"。

9.3　强算效

9.3.1　建设要求

多元异构成为智能计算中心算力算效提升的有效解决方案。我国在政策上也明确了异构数据融合兼容，构建多元异构智能计算中心，全面提升算效水平。

《"十四五"大数据产业发展规划》明确了异构数据发展策略，促进多维度异构数据关联，创新数据融合模式，提升多模态数据的综合处理水平；打造高端产品链，提升产品的异构数据源兼容性、大规模数据集的采集与加工效率，推动高性能存算系统和边缘计算系统的研发，打造专用超融合硬件解决方案，推动多模数据管理、大数据分析与治理等系统的研发和应用。

《"十四五"信息通信行业发展规划》首次提出多元异构算力的融合，在算法框架、算法模型库等方面加强智能算力的应用；构建多层次的算力设施体系，加快算力设施智能化升级，推进多元异构的智能云计算平台建设，增强算力设施高速处理海量异构数据和数据深度加工能力，推动计算资源集约部署和异构云能力协同共享；提升人工智能基础设施服务能力，打造人工智能算法框架，鼓励企业加快算法框架迭代升级，构建先进算法模型库，打造通用和面向行业应用的人工智能算法平台。

《江西省"十四五"新型基础设施建设规划》指出，要推动多元算力协同发展，加快构建"云、边、超、智"多元协同、数网融合的算力体系。鼓励 AI 企业、互联网企业来赣部署多元异构的 AI 计算中心，支持现有数据中心智能化改造，提供服务全省的 AI 算力服务。

9.3.2　发展现状

智能计算中心汇集异构技术、异构产品、异构设备，为复杂、多元的应用场景提供服务，智能计算中心算力基础设施呈现多元异构的建设特点，应用于实际建设过程和技术创新实践。

南京智能计算中心集成优势服务器、智能加速卡、框架、算法、模型，建立多元异构算力基础，兼顾超大规模 AI 训练和弹性扩展的多任务推理、训练任务并发需求，提升强大、高效、易用的算力生产能力，满足不同类型智能应用对算力的多样化需求，实现算力与生产力之间的高效转化。

商汤科技智能计算中心采用多种异构硬件，将面向不同场景的 GPU、FPGA、ASIC 和类脑加速器等硬件进行多元异构组合，优化人工智能深度学习算法，减少碳排放。商汤新一代人工智能计算平台如图 9-6 所示。

图 9-6　商汤新一代人工智能计算平台

9.4　安全可靠

9.4.1　建设要求

我国先后发布多项政策法规，加快提升网络安全、数据安全、关键信息基础设施安全等多种安全保障能力。

针对网络安全，我国发布第一部全面规范网络空间安全管理方面问题的基础性法律——《中华人民共和国网络安全法》，确立了网络空间主权、网络安全与信息化发展并重、共同治理 3 项基本原则，提出了我国网络安全战略的主要内容，特别强调要保障关键信息基础设施的运行安全。国家互联网信息办公室、国家发展和改革委员会等 13 个部门联合修订发布了《网络安全审查办法》，重点评估关键信息基础设施运营者采购网络产品和服务可能带来的国家安全风险。

针对数据安全，十三届全国人大常委会第二十九次会议通过了《中华人民共和国数据安全法》，提出要促进以数据为关键要素的数字经济发展，保证维护数据安全与促进数据发展并重，建立数据安全管理制度、数据开发利用、规则、政务数据开放共享安全机制，明确数据管理者和运营者的数据保护责任。

针对关键信息基础设施,《关键信息基础设施安全保护条例》提出要制定关键信息基础设施安全规划,建立健全网络安全监测预警制度和网络安全事件应急预案,形成网络安全信息共享机制,加快提升关键信息基础设施安全保护能力。

9.4.2 发展现状

智能计算中心在建设过程中,持续深化安全保障能力,不断提升安全可靠水平。中国信息通信研究院云计算与大数据研究所、阿里巴巴和 OPPO 于 2021 年 12 月,共同发起并正式建立了行业首个"浸没液冷智算产业发展论坛",着力打造领先的绿色高效智能计算中心方案,形成规模化的浸没液冷智算产业生态,为全社会的智能计算需求普及高效、绿色、安全的浸没液冷智能计算中心方案。"浸没液冷智算产业发展论坛"成立仪式如图 9-7 所示。

图 9-7 "浸没液冷智算产业发展论坛"成立仪式

中国电信京津冀大数据智能算力中心将保障网络安全和信息安全作为首要目标,全面适配国产芯片、操作系统、数据库,着力建成政务云、信创云产业存储及算力基地,打造安全的"国家云""可靠云"。南京智能计算中心遵循自主安全可控的设计原则和理念,采用新一代人工智能计算集群架构,并在满足智能计算业务平台对信息化基础设施需求的同时优化其功耗及运营、运维成本。西安沣东新城智能计算中心信息安全建设通过了等级保护三级测评,标志着其智能计算中心信息安全防护策略和安全保护能力已经得到全面提升和强化,营造了安全可控的开发环境,为智能计算中心行业应用奠定了良好基础。

9.5 评估认证

9.5.1 绿色低碳

国家发展和改革委员会、中央网信办、工业和信息化部、国家能源局4个部门联合发布了《贯彻落实碳达峰碳中和目标要求 推动数据中心和5G等新型基础设施绿色高质量发展实施方案》。该文件明确要求，到2025年，数据中心和5G基本形成绿色集约的一体化运行格局。数据中心运行PUE和可再生能源利用率明显提升，全国新建大型、超大型数据中心平均PUE降到1.3以下，国家枢纽节点PUE降到1.25以下，绿色低碳等级达到4A级以上。

为了更好地推进我国数据中心绿色低碳高质量发展，中国信息通信研究院、开放数据中心委员会（ODCC）联合绿色网格标准推进委员会（TGGC）早在2013年就根据工业和信息化部的工作安排，牵头组织业界各方共同编写了数据中心分级分类相关标准，并共同启动了"数据中心绿色等级评估"。2021年，ODCC、中国信息通信研究院牵头编写了数据中心低碳相关标准，并于2021年5月在2021数据中心高质量发展大会上联合工业和信息化部新闻宣传中心，公布了首批"数据中心低碳等级评估"结果。目前，"数据中心绿色等级评估"和"数据中心低碳等级评估"已经成为广受业界认可的评估体系。数据中心绿色等级评估如图9-8所示。数据中心低碳等级评估如图9-9所示。

图9-8　数据中心绿色等级评估
资料来源：ODCC

图9-9　数据中心低碳等级评估
资料来源：ODCC

从具体指标上看，"数据中心绿色等级评估"的等级从低到高依次分为A、

AA、AAA、AAAA、AAAAA 5 个级别。运行满一年以上的数据中心，可申请运行类 A ～ AAAAA 等级，运行未满一年的数据中心，可申请设计类 A ～ AAAAA 等级。部分绿色数据中心优秀案例见表 9-1。

表 9-1　部分绿色数据中心优秀案例

名称	级别
字节跳动官厅湖大数据产业基地一期	运行类 AAAAA
中国电信云计算内蒙古信息园 A6 数据中心	运行类 AAAA
万国数据上海三号数据中心	运行类 AAAA
腾讯光明中国移动万国数据数据中心二期	运行类 AAAAA
中金华东数据中心（一期）	设计类 AAA
抚州创世纪科技绿色数据中心	运行类 AAAA
山东鲁南大数据中心	运行类 AAA
万国数据河北二号数据中心	运行类 AAAAA
万国数据河北三号数据中心	运行类 AAAAA
万国数据北京三号数据中心	运行类 AAAAA
阿里巴巴浙江云计算仁和液冷数据中心	设计类 AAAAA
万国数据上海四号数据中心	运行类 AAAA
万国数据上海八号数据中心	运行类 AAAA
万国数据深圳二号数据中心	运行类 AAAA
中云信人民教育出版社印刷厂云数据中心	运行类 AAAA
上海有孚临港云计算数据中心（一期 8# 楼）	设计类 AAAA
上海有孚临港云计算数据中心（一期 9# 楼）	设计类 AAAA
金云东莞数字园 1# 数据中心	设计类 AAAA
金云东莞数字园 2# 数据中心	设计类 AAAA
万国数据深圳三号数据中心	运行类 AAA
中国移动京津冀（天津）西青数据中心	设计类 AAAA
中国电信亦庄云计算中心	运行类 AAA
阿里巴巴万国数据南通一号数据中心	运行类 AAAAA
汇天云端产业园 13# 数据中心	运行类 AAAA
环首都·太行山能源信息技术产业基地（一期）	运行类 / 基础设施类 / 大型 AAAAA
云巢·东江湖数据中心	运行类 / 基础设施类 / 大型 AAAAA
丝绸之路西北大数据产业园（一期）	运行类 / 基础设施类 / 中小型 AAAA
中国·雅安大数据产业园 1 号楼	运行类 / 基础设施类 / 中小型 AAAA

续表

名称	级别
中国移动山东济南数据中心	运行类 / 基础设施类 / 大型 AAAA
中国移动哈尔滨数据中心（一期）	运行类 / 基础设施类 / 大型 AAAA
万国数据北京六号数据中心	运行类 / 基础设施类 / 大型 AAAAA
万国数据北京十一号数据中心	运行类 / 基础设施类 / 大型 AAAAA
阿里巴巴世纪互联南通 A 栋数据中心	运行类 / 基础设施类 / 大型 AAAAA
世纪互联北京亦庄博兴数据中心	运行类 / 基础设施类 / 大型 AAAAA
万国数据廊坊数据中心（廊坊一号）	运行类 / 基础设施类 / 大型 AAAAA

资料来源：ODCC

"数据中心低碳等级评估"根据数据中心建设运营所处的阶段（未投产、投产不满一年、投产一年以上），将数据中心划分为规划类、设计类和运营类 3 类；根据数据中心减排阶段和技术方式，将数据中心划分为碳减排类、碳中和类、零碳类 3 类，"数据中心低碳等级评估"以动态发展的视角，每年滚动持续跟踪数据中心节能降碳情况。部分低碳数据中心优秀案例见表 9-2。

表 9-2　部分低碳数据中心优秀案例

名称	级别
OPPO 滨海湾数据中心 A 栋	碳中和数据中心创新者（规划类）AAAA
阿里巴巴南通 B 区 B 楼数据中心	碳中和数据中心创新者（运营类）AAAA
阿里巴巴乌兰察布开发区园区数据中心 A 楼	碳中和数据中心创新者（运营类）AAAA
百度云计算（阳泉）中心 1# 模组	碳中和数据中心引领者（运营类）AAAAA
浩云长盛成都一号云计算基地	碳中和数据中心创新者（运营类）AAAA
京东华东云数据中心 T1 模组	碳减排数据中心创新者（设计类）AAAA
秦淮数据环首都·太行山能源信息 技术产业基地一期	碳中和数据中心引领者（运营类）AAAAA
上海有孚书院云计算数据中心（9 号楼）	碳减排数据中心先行者（运营类）AAA
深圳宝安云计算数据中心	碳中和数据中心创新者（设计类）AAAA
世纪互联佛山智慧城市数据中心	碳减排数据中心创新者（运营类）AAAA
数据港张北 2A2 数据中心	碳减排数据中心创新者（运营类）AAAA
腾讯清远云数据中心 2 号楼	碳减排数据中心引领者（运营类）AAAAA
万国数据北京三号数据中心	碳减排数据中心创新者（运营类）AAAA

续表

名称	级别
万国数据成都一号数据中心	零碳数据中心引领者（运营类）AAAAA
万国数据上海三号数据中心	零碳数据中心创新者（运营类）AAAA
万国数据上海四号数据中心	碳减排数据中心引领者（运营类）AAAAA
有孚网络北京永丰云计算数据中心一期	碳减排数据中心创新者（运营类）AAAA
中国电信上海公司 / 腾讯青浦漕盈数据中心 1# 楼	碳减排数据中心创新者（运营类）AAAA
中国移动（山东济南）数据中心 A1 机房楼	碳减排数据中心创新者（运营类）AAAA
中金数据昆山一号数据中心	碳中和数据中心创新者（运营类）AAAA
中金数据武汉二号数据中心	碳中和数据中心创新者（设计类）AAAA
中金云网北京二号数据中心	碳减排数据中心创新者（运营类）AAAA
中联绿色大数据产业基地 1 号楼	碳中和数据中心引领者（设计类）AAAAA

资料来源：ODCC

9.5.2　算力算效

"数据中心算力等级评估"由中国信息通信研究院、工业和信息化部新闻宣传中心、ODCC 联合开展。数据中心算力等级评估如图 9-10 所示。

图 9–10　数据中心算力等级评估

资料来源：ODCC

算力等级评估指标由算力 / 算效和通用类 / 智算类 / 超算类两个维度组成，算力用 CP 表示，算效用 CE 表示；通用类为 N，智算类为 H，超算类为 S；算力和算效等级分别为 1 ～ 5 级，5 级为最优。数据中心算力等级评估标准如图 9-11 所示，部分算力优秀的数据中心案例见表 9-3。

算力等级（CP）	通用（N）	智算（H）	超算（S）
1 级	CP-N1	CP-H1	CP-S1
2 级	CP-N2	CP-H2	CP-S2
3 级	CP-N3	CP-H3	CP-S3
4 级	CP-N4	CP-H4	CP-S4
5 级	CP-N5	CP-H5	CP-S5

图 9-11　数据中心算力等级评估标准

资料来源：ODCC

表 9-3　部分算力优秀的数据中心案例

名称	级别
商汤北京数据中心高性能模块	CP-H4 CE-H3
万国数据上海二号数据中心 4 号机房	CP-N3 CE-N4
万国数据亦庄智能算力数据中心 1 号机房	CP-N3 CE-N4
万国数据昌平云计算智能算力数据中心 2 号机房	CP-N4 CE-N3
北京有孚永丰数据中心 B6-L4-2 模块 EFGH 列	CP-N3 CE-N4
中国电科院高效能实验床微模块	CP-N3 CE-N3

资料来源：ODCC

9.5.3　服务能力

具有业务创新能力的服务商越来越注重提升整体服务质量。同时，近年来数据中心因运维水平不足引起的宕机事故频发，越来越多的用户和服务商开始意识到数据中心各项服务能力的重要性。数据中心服务能力等级评估如图 9-12 所示。

图 9-12　数据中心服务能力等级评估

资料来源：ODCC

　　"数据中心服务能力等级评估"对服务商运营数据中心的服务能力提出评价标准，对运营能力、运营管理能力、网络运营能力和服务品质能力进行评估。具体而言，基础设施运营能力评估是对关键基础设施（包括供配电系统、制冷系统、消防系统、安防系统、弱电系统、综合布线系统等）的运营进行评估；运营管理能力评估是对信息安全管理、日常管理等进行评估；网络运营能力评估是对网络质量和内部网络互联进行评估；服务品质能力评估是对资质、产品、支持能力、技术能力、流程规范性、服务能力等方面进行评估。

　　"数据中心服务能力等级评估"可以更好地评估服务商对外服务的能力，为服务商进行服务优化和用户选择服务商提供参考。部分服务能力优秀的数据中心案例见表9-4。

表 9-4　部分服务能力优秀的数据中心案例

名称	级别
万国数据上海三号数据中心	运行类 AAAAA
中金华东数据中心（一期）	运行类 AAAAA
抚州中科曙光云计算中心	运行类 AAAA
鲁南大数据中心——DC1 联通机房楼	运行类 AAAAA
中国电信云计算内蒙古信息园 A6 数据中心	运行类 AAAAA
中国电信云计算贵州信息园 A5 机楼	运行类 AAAAA
环首都·太行山能源信息技术产业基地（一期）	运行类 AAAAA
万国数据廊坊数据中心（廊坊一号）	运行类 AAAAA
云巢·东江湖数据中心	运行类 AAAA
丝绸之路西北大数据产业园（一期）	运行类 AAAAA
中国·雅安大数据产业园 1 号楼	运行类 AAAA
中国移动山东济南数据中心	运行类 AAAAA
中国移动哈尔滨数据中心（一期）	运行类 AAAAA

资料来源：ODCC

9.5.4　安全可靠

　　IDC 作为这个时代关键性的基础设施和数据枢纽，其产业地位得到快速提升。近年来，IDC 的可靠性已经成为大家关注的核心。作为政府机构和企事业单位业务运行和数据存储的重要载体，其自身的高可靠成为这些单位业务运行连续的重要决定因素。数据中心可靠性等级评估如图 9-13 所示，部分可靠性优秀的数据中心案例见表 9-5。

图 9-13　数据中心可靠性等级评估

资料来源：ODCC

表 9-5　部分可靠性优秀的数据中心案例

名称	级别
环首都・太行山能源信息技术产业基地（一期）	运行类 AAAAA
万国数据廊坊数据中心（廊坊一号）	运行类 AAAAA
云巢・东江湖数据中心	运行类 AAAAA
丝绸之路西北大数据产业园（一期）	运行类 AAAA
中国・雅安大数据产业园 1 号楼	运行类 AAAAA
中国移动山东济南数据中心	运行类 AAAA
中国移动哈尔滨数据中心（一期）	运行类 AAAA

资料来源：ODCC

9.5.5　智能化运营

"数据中心智能化运营等级评估"由中国信息通信研究院、工业和信息化部新闻宣传中心、ODCC 在 2021 年联合发起。2021 年 7 月，工业和信息化部出台了《新型数据中心发展三年行动计划（2021—2023 年）》，明确提出"聚焦新型数据中心供配电、制冷、IT 和网络设备、智能化系统等关键环节，锻强补弱。"国家还出台相关政策引导数据中心运维管理向智能化发展，产业界关于智能运维长期发展的呼声也越来越高，针对数据中心智能化运营能力的测评应运而生。数据中心智能化运营等级评估如图 9-14 所示。

图 9-14　数据中心智能化运营等级评估

资料来源：ODCC

数据中心架构复杂，差异性大，日常运营工作覆盖广泛，根据数据中心日常工作的不同状态——介入态或调度态，"数据中心智能化运营等级评估"聚焦监控管理、运维管理、运营管理、安全管理中各项功能和性能目标的实现，对数据中心的智能化管理能力进行分级评估。评估数据中心的自动化运行系统取代人作为主责方达成相同的运行目标的程度，可实现对数据中心智能化运营能力分级的目标。部分智能化运营能力优秀的数据中心案例见表 9-6。

表 9-6　部分智能化运营能力优秀的数据中心案例

名称	级别
腾讯怀来瑞北云数据中心	智能化管理 Level 4
万国数据北京四号数据中心	智能化运行 Level 3
中国·雅安大数据产业园 1 号楼	数字化管理平台 Level 3

资料来源：ODCC

第十章

展望

10.1 规范建设模式

10.1.1 规范算力调度纳管

制定智能计算中心异构算力调度和纳管技术标准。 人工智能计算需求呈指数级增长，其未来或将成为 80% 以上的计算需求。智能计算中心作为承载这种需求的 AI 算力中心，需要纳管多个厂商的 AI 硬件芯片。但是目前不同厂商的芯片差异较大，缺少统一的异构硬件接口标准。同时，AI 芯片厂商也面临针对不同框架的适配问题及不同算法的定制开发问题，这会造成双方在时间和资源上的重复投入。因此，有必要制定智能计算中心异构算力调度和纳管技术标准，针对面向深度学习的异构硬件统一 API 标准和运行时的算力底座，规范深度学习计算任务的定义和执行，实现上层应用和底层异构硬件平台的解耦，进而协调各个生态产业链厂商、统一纳管核心异构设备硬件、对接系统层驱动、匹配模型与算子层加速库、迁移与优化高性能的算法层框架、自主研发平台层调度器，有效保证异构算力的纳管与调度。

10.1.2 规范算力适配技术

从硬件适配和算法统一两个角度，制定智能计算中心异构算力适配标准，实现异构算力之间的互通和性能优化。在硬件适配方面，对智能计算中心的异构算力硬件涉及的接口与技术进行规范化和标准化：规范异构芯片和相对应的底层接口，为满足异构 AI 模型在开发、训练和推理方面的算力需求，通过规范异构 AI 芯片功能、性能、稳定性、兼容性等方面的测试方法，推动异构 AI 芯片的研发、生产和测试；规范异构 AI 服务器的技术要求和性能，为平台架构、数据标注、模型开发、模型推理、运营管理业务的安全性、可靠性、延展性提供保障，确定异构 AI 服务器的设计规格、管理策略和运行环境等要求，推动服务器研发、生产、测试的标准化，以及设计、管理、运维等维度的测试规范化。

在算法统一方面，对智能计算中心分布式深度学习框架适配标准、异构算力训练框架适配标准、异构算力推理框架适配标准进行规范：规范分布式人工智能深度学习框架的监督学习、无监督学习和强化学习等不同类型的模型，研发设计出与多种硬件平台有效适配的分布式人工智能深度学习框架；规范异构 AI 算法模型在收敛时间、收敛精度、吞吐性能、时延等方面的评测指标，实现对不同 AI 芯片的训练、测试和部署能效，重点关注框架对自主 AI 芯片的适配完成度；规范异构 AI 算法模型在多种应用场景中的部署要求、在分布式训练平台设计研发过程中的适配要求，以及算法模型推理能效的评估方法。

10.1.3 规范算力安全防护

智能计算中心异构算力在芯片异构、模型适配、算力调度、平台构建等各个方面，均需要运行与管理高度安全可靠。而统一有效的标准能够对安全防护水平和技术防御能力进行科学化、标准化测试。我国的关键信息基础设施安全防护体系方面仍在快速发展，我们需要运用规范化安全防护技术，防范网络恶意攻击和违法犯罪活动，保障关键信息基础设施安全稳定运行，维护数据的完整性、保密性和可用性，因此针对智能计算中心主动免疫安全防护体系的标准和规范立项显得尤为重要。一是以《关键信息基础设施安全保护条例》为基础，构建以安全可信产品和服务为核心的异构算力安全防护体系，保障在运算时并行实施动态的全方位整体防护，保护计算任务的逻辑组合不被篡改和破坏。二是在智能计算中心主动免疫安全防护体系开发的过程中，对产品功能、性能等项目进行测试，保证智能计算中心主动免疫安全防护体系产品的最终质量。三是为智能计算中心构建计算与防护双重安全保障体系，主动防御病毒、木马和漏洞威胁，并以此为核心保障智能计算中心稳定运行，为智能计算中心今后的良好发展打下重要的安全基础。

10.2 重视算力算效

10.2.1 提升算力应用管理体系效能

提升算力算效水平，扩大智能算力应用能力和应用范围。 提升单体智能计算中心的算力算效水平，推进高性能算力、智能算力、通用算力等多元化算力供应和适配协同；加快智能计算中心从粗放式的机架规模增长向算力增强的高质量发展方向演进；扩大智能计算能力的应用深度和应用广度，推动算力从传统的 CPU、GPU，向 NPU、VPU 甚至 XPU 主导的智能异构算力生态演进。

健全优化算力管理体系，全面提升算力管理效能。 提升算力资源服务能力和利用效率，实现大规模算力资源部署与土地、能源、用水、电力等资源的可持续协调发展；建立智能计算中心规范化、标准化的管理架构，提供数据服务、算力服务、智慧服务，赋能智慧城市建设、智能制造发展、智能医疗升级等领域，建立起依托智能计算中心的 AI 开放服务平台，提高算力智能化水平。

10.2.2 部署智能计算中心异构操作系统

智能计算中心异构操作系统能够统筹管理智能计算中心异构算力的整体基础架构软件环境，同时也可以成为智能计算中心运营管理维护的系统平台。智能计算中心异构操作系统是传统单机操作系统面向互联网应用、云计算、大数据、人工智能技术的扩展与丰富，以融合架构计算系统为平台，以数据为资源，以强大算力驱动异构 AI 模型对数据进行深度加工，源源不断地提供各种智慧计算服务，并通过网络以云服务的形式为用户提供计算服务。传统操作系统仅对整台单机的软硬件进行管理，智能计算中心异构操作系统通过管理整个智能计算中心的软硬件设备，来提供一整套基于异构算力的算法模型开发、训练、推理、部署、迭代等服务，以便更好地在智能计算中心中快速搭建各种人工智能应用服务，实现 AI 训练平台快速搭建，AI 算法模型快速应用，AI 推理平台快速落地，为企业注智赋能。

10.2.3 形成全场景矩阵化合作模式

生态平台是实现多元算力融合的有效途径，构建矩阵化合作模式，能够促进智能计算中心技术融合创新、场景融合应用、服务融合交付。完善智能计算中心建设和发展的生态框架，要打造融合全链条、面向全场景的一体化解决方案，推动行业相关单位建立起从硬件、算法、AI 中台到行业应用的生态架构。同时，智能计算中心项目体量大、智能化需求强，需要软硬件一体化的 AI 生态大数据平台，即以融合架构计算系统为基础，以数据为资源，以强大算力为驱动，使能异构 AI 模型对数据的深度加工，产生持续性、多样化的智慧计算服务，并通过网络以云服务的形式释放智能计算中心行业的应用价值。智能计算中心要充分释放企业优势，将生态平台作为技术应用的支撑和合作沟通的桥梁，夯实智能计算中心落地应用和产业化发展的核心动能；通过客户侧的应用、行业方案、企业和分销商强大的解决方案和渠道能力，快速推动各类智慧场景解决方案的落地实施和复制。与此同时，企业之间的能力融合将有助于孵化出更多的多元复合场景智慧解决方案，加速 AI 全场景融合进程。

10.3　融合异构算力

为集成多元化 AI 芯片和算力资源，智能计算中心需要融合多元异构算力设施，提供满足智慧生产和生活需要的智能化服务，形成 AI 发展应用所依托的新型算力基础设施体系。

一是建立融合技术架构，提高智能计算中心的计算性能和服务效率。通过新型超高速内外部互联技术、池化融合、重构技术等融合架构，推动多元异构算力设施实现高速互联，建设高效池化的智能计算中心；通过软件定义，实现重构硬件资源池的智能化管理，显著提升软硬件性能水平，保障业务资源的灵活调度和监控管理的智能运维。

二是实现多元异构算力的统一调度，满足异构算力资源灵活调度和高效分配需求，使智能计算中心能够及时响应各类应用需求。基于应用场景、接口配置、负载能力的差异性，建立面向异构计算节点资源和上层多场景需求的多元异构算力统一调度架构，实现资源实时感知的统一及资源响应和应用调度的抽象；根据作业调度和资源分配，确定作业调度优先级和需求资源分配策略，满足多用户场景下算力配置需求、用户优先级确定和硬件算力需求。统一调度的关键是建立智能运营体系，通过统一运营监控体系、统一适配扩展能力和多元异构算力溯源，实现异构算力资源的统一管理、调度和扩容，增强横向扩展能力，营造统一调度和可信的计算环境。

10.3.1　建立智能算力虚拟资源

通过虚拟化形成软件定义的 AI 算力虚拟资源池，可打破"资源孤岛"，取消"烟囱式"应用架构。

一是增强计算资源细粒度切分能力。计算资源的细粒度切分需求会渗透至异构算力组合策略之中，协调 CPU、GPU、FPGA、ASIC 等各类计算芯片，将上层应用的计算需求细粒度切分后进行定向定量分配，AI 算力资源的分配粒度可以是 1 块 GPU 卡的 1% 算力、1MB 显存，或者是几块、几十块 GPU 卡。根据应用需求和业务特点对智能算力虚拟资源池中的计算资源进行细粒度切分，能够最大化地利用算力，提高资源利用率，降低运算成本，规避在大规模计算设备集群中进行设备选择、设备适配的繁杂工作。

二是异构算力服务器芯片架构的虚拟化配置。根据异构算力服务器自身的芯片架构，可进行虚拟化技术的配置与设置，从而进一步保障异构算力资源池化。我们可以将异构算力的服务器、存储、网络等做成一个虚拟化资源池，上层应用所需的算力资源通过 API 在资源池进行抓取，实现虚拟资源池到物理资源池的映射，AI 算力消耗方可以在算力网络可达的任何位置，在本地没有 GPU 卡的情况下，进行 AI 算力的远程调用，还可以在共享的、多租户的异构算力集群上进行模型训练，可以保证训练的私密性和边界性，实现在不影响业务调度和使用的情况下，极大地降低物理资源池的边界效应。

三是统一异构芯片接口标准和运行环境。良好的规范、标准与生态对于构建异构算力资源池有着至关重要的意义。在非异构计算中，单一的计算设备与资源往往有着极为不擅长处理的计算负荷类型。异构计算能够降低硬件资源在计算过程中空闲时间的比重，极大地提高资源利用率。而在这样的场景下，不同的硬件设备、协议、应用程序二进制接口（Application Binary Interface，ABI）、软件应用层接口等存在巨大的差异，AI 应用也在日益复杂化和多样化，因此需要统一的标准来衡量 AI 芯片和 AI 服务器的计算性能、单位能耗等水平。与此同时，各类 AI 芯片都有各自的接口标准，同一算法模型在不同 AI 芯片上存在无法直接运行或者运行效率不佳等问题，因此需要研发面向深度学习的异构硬件统一 API 标准和运行环境，规范深度学习计算任务的定义和执行流程，实现上层应用和底层异构硬件平台的解耦。

10.3.2　部署异构算力调度无损网络

异构算力调度无损网络是调度网络性能优化、网络与应用系统融合、网络运维智能化的有效解决方案。

一是统筹异构算力调度策略。在算力调度时，需要考虑异构算力网络中的计算任务调度，包括动态调度与静态调度；异构计算中的数据依赖及分支执行；异构算力网络中的资源分配与管理策略、算法等；异构算力网络多设备间的负载均衡与调节。

二是实现调度网络智能无损。这需要对包含设备在内的调度网络进行调整，实现调度网络无丢包、吞吐最高、时延最低。同时，智能计算中心中不同业务的优先级程度是不同的，对不同业务应该有不同的服务质量保障，从而使重要的业务能够获得更多的网络资源。因此我们可以从基于端口的流量控制、基于流的拥塞控制、流量调度 3 个方面，推动实现调度网络智能无损：在基于端口的流量控制方面，通过解决发送端与接收端的速率匹配问题，抑制上行出口端发送数据的速率，以便下行入口端及时接收，防止交换机端口在拥塞的情况下出现丢包情况，从而实现网络无损；在基于流的拥塞控制方面，通过解决网络拥塞时对流量的速率控制问题，实现满吞吐与低时延；在流量调度方面，通过解决业务流量与调度网络链路的负载均衡性问题，保障不同业务流量的服务质量。

三是调度网络与应用系统的融合优化。其关键在于发挥网络设备的连通性这一位置优势，与计算系统进行一定层次的配合，以提高应用系统的性能。在高性能计算场景中，可以让网络设备参与计算过程，减少任务完成时间。

四是调度网络智能运维。随着计算、网络和存储的资源池化和自动化，智能运维成为异构算力调度无损网络的重要运维手段，智能运维通过标准的 API 将网络设备的各种参数和指标发送至专业的分析器进行分析，实现自动化排除网络故障、自动化开局扩容等功能。与此同时，我们可以构建智能网络异构算力调度平台和智能网络管理平台。网络异构算力调度平台的智能化、自动化手段实现网络流量精准调度、智能调优，提升带宽利用率，保障智能计算中心业务稳定运行，降低运维难度和成本。"监、管、控"一体的智能网络管理平台以体系化网络服务为核心，以 AI 算法为驱动，实现网络可视、可控、可预见的目标，建设强健、安全、弹性的智能网络。

10.3.3 实现异构算力适配

异构算力应当具备在线适配能力、离线适配能力、脚本工具能力、应用适配能力等多项能力。异构模型迁移适配和算法优化可支持进行算子的定制化开发和网络模型适配，分析异构芯片性能，并针对分析结果进行适配，同时能够监控异构程序的运行状态，保证事件告警零误报、零漏报。

一是建立在线适配能力。支持用户通过深度学习框架调用加速卡转换库来构建机器学习和深度学习网络；支持用户对机器学习和深度学习网络完成编译后调用推理库。

二是建立离线适配能力。支持用户在不依赖加速卡的情况下完成模型适配；支持用户选择指定层作为输出的模型转换；支持用户将转换后的模型保存为加速卡能够解析的模型文件。异构计算芯片厂商应提供专有的适配工具将模型转换成加速卡支持的离线模型，模型转换过程中需要实现算子调度的优化、权重数据重排、内存使用优化等。

三是建立脚本工具能力。支持运行环境中包含能够转换模型的工具；支持用户利用转换模型的工具快速完成部分开源框架模型的转换；支持的开源框架的网络模型包括但不限于 Caffe、TensorFlow、PyTorch。

四是建立应用适配能力。一方面要实现应用容器化，基于容器化的应用部署策略能够显著降低管理应用、支持业务的计算开销，具有较高的灵活性，便于快速在边缘端、计算中心端等计算场景中灵活部署和迁移；另一方面要实现开源模型可迁移，开源框架的网络模型需要在加速卡上运行，一般需要根据加速卡进行模型迁移适配。

10.4　绿色低碳发展

扩大绿色低碳产品应用场景、优化清洁能源使用机制结构、增强绿色低碳智能管理能力成为建设绿色智能计算中心的重要途径。

10.4.1　扩大绿色低碳产品应用场景

建设绿色智能计算中心，要提高先进绿色技术的应用程度，扩大绿色低碳产品的应用场景，鼓励高效 IT 设备、高效制冷方案、高效供配电系统、先进储能装置等技术方案应用于智能计算中心的建设、运维、改造的全过程。液冷技术是冷却系统的有效解决方案，水基冷却剂、碳氟类冷却剂等液体技术，单相浸没和相变浸没两种浸没式液冷技术，冷板式液冷技术，喷淋式液冷技术等多种液冷技术具备高效散热优势和绿色节能特性，成为绿色智能计算中心的有效技术方案。

我国液冷产业生态已初步建立，标准体系日趋完善，已出现规模化商用案例。除了液冷技术，巴拿马电源能够整合配电环节，有效降低损耗，高压直流（High Voltage Direct Current，HVDC）输电采用大功率远距离直流输电，为智能计算中心提供高可靠电源保障。目前，HVDC 应用逐渐成熟，并有望取代传统的不间断电源（Uninterruptible Power Supply，UPS）。抽水储能、电池储能、冰蓄冷技术等储能技术成为先进储能装置的有效技术方案，为绿色智能计算中心建设提供更多助力。与此同时，ODCC 也充分发挥平台优势，在推动节能降耗、绿色低碳等先进技术研发的同时，汇总绿色智能计算中心优秀案例，发布具有创新性、先进性、引领性的技术产品和解决方案目录。

10.4.2　优化清洁能源使用机制结构

智能计算中心不断提高能源利用效率，持续优化用能方式，使用新能源、可再生能源、清洁能源代替传统的化石能源，实现低碳甚至"零碳"排放，践行"碳达峰、碳中和"目标。智能计算中心充分利用风能、太阳能等可再生能源，建立可再生能源电站、分布式光伏发电等数据中心配套设施和配套系统；不断优化能源使用结构，加大清洁能源比重，提高能源使用效率，调整电力使用比例，通过数字技术提高能源使用效率。智能计算中心应推广利用碳捕集与储存（Carbon Capture and Storage，CCS），推广应用直接空气碳捕集与储存（Direct Air Carbon Capture and Storage，DACCS）、生物能源与碳捕集和储存（Bioenergy with Carbon Capture and Storage，BECCS）、含水层储存二氧化碳等碳储存技术实现负排放；提高氢能使用率，实现大规模、高效可再生能源的消纳，利用过剩电力或低成本电力制氢发电，可再生能源电解水制氢技术将随着可再生能源的快速发展，得到广泛应用，建立智能计算中心氢燃料电池备用电源系统成为氢能有效利用的重要途径之一；通过市场化采购可再生能源、投资建设分布式和大型集中式项目、购买绿色电力证书、绿色债券与绿色票据等金融手段，扩大可再生能源的应用范围，持续优化用能方式。

10.4.3　增强绿色低碳智能管理能力

智能计算中心增强绿色低碳管理能力，健全全生命周期评价机制。加快高能耗、低效率智能计算中心的整合与改造，全面优化智能计算中心绿色规划、设计施工、采购运营的过程。智能计算中心充分利用现有资源，紧密联合行业内厂商，提供绿色、低碳、高品质的智能算力服务。智能计算中心适宜在能源充足、气候适宜的地区建设，作为大型以上数据中心，可在京津冀、长三角、粤港澳大湾区、成渝，以及贵州、内蒙古、甘肃、宁夏八大节点布局，充分利用水、电、能耗指标等方面的配套保障，加快实现绿色低碳建设。同时，智能计算中心完善标准体系，建立覆盖各类能源指标的综合性评价标准，实现智能计算中心全生命周期的评估与监测，实现 CUE、PUE、WUE 等指标的实时监测。

目前，《数据中心能效限定值及能效等级》（GB 40879—2021）、《温室气体排放核算与报告要求 数据中心》（T/EES 0001—2021）、《数据中心碳利用效率技术要求和测试规范》（TCCSA 327—2021）等数据中心能耗管理标准及数据中心绿色等级、低碳等级、低碳产品与解决方案评估持续推进，可针对智能计算中心建立相应的绿色低碳、能源管理、监测评估政策法规和标准规范，健全完善智能计算中心能源管理机制和评价体系。

参考文献

[1] IDC，浪潮信息．2021—2022 中国人工智能计算力发展评估报告 [R].
2021.

[2] 清华大学人工智能研究院，清华大学（计算机系）——中国工程院知识
智能联合研究中心．人工智能发展报告 2020[R]. 2021.

[3] 德勤．全球人工智能发展白皮书 [R]. 2020.

[4] 赛智产业研究院．国外智能计算中心对标研究 [R]. 2021.

[5] 邹丽雪，刘艳丽，董瑜，等．量子科技创新战略研究 [J/OL]. 世界科技研
究与发展：1-14[2022-01-19].

[6] 智研咨询．2022—2028 年中国人工智能行业市场全景评估及投资前景规
划报告 [R]. 2021.

[7] 艾瑞咨询．中国人工智能产业研究报告（2019)[R]. 2019.

[8] 德勤．全球人工智能发展白皮书 [R]. 2019.

[9] 国家发改委政研室．新型基础设施主要包括哪些方面？下一步在支持新型
基础设施建设上有哪些考虑和计划？ [EB/OL]. 2020-04-22[2022-01-08].

[10] 新华社．国家新一代人工智能创新发展试验区已达 17 个 [EB/OL]. 2021-
12-06[2022-01-08].

[11] 廖嘉霖．磁性超高密度存储的若干种新技术研究 [D]. 上海：复旦大学，
2011.

[12] 开放数据中心委员会 (ODCC). 数据中心路由器液冷系统技术要求及测试
报告 [R]. 2021.

[13] 开放数据中心委员会 (ODCC). 浸没液冷服务器可靠性白皮书 [R]. 2021.

[14] 陈静，方建滨，唐滔，等．多核 / 众核平台上推荐算法的实现与性能评
估 [J]. 计算机科学，2017，44(10): 71-74.

[15] 徐敬蘅．面向异构系统的大气模式并行优化方法研究 [D]. 北京：清华大
学，2019.

[16] 阳王东，王昊天，张宇峰，等．异构混合并行计算综述 [J]. 计算机科学，
2020，47(08): 5-16+3.

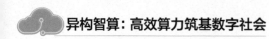

[17] 郑宗生，胡晨雨，姜晓轶．基于改进的最大均值差异算法的深度迁移适配网络 [J]. 计算机应用，2020，40(11)：3107-3112.

[18] 孟伟，袁丽雅，韩炳涛，等．深度学习推理侧模型优化架构探索 [J]. 信息通信技术与政策，2020(9)：42-47.

[19] 李洁，等．液冷革命 [M]. 北京：人民邮电出版社，2019.